**Die Bonus-Seite**

Auf der Bonus-Webseite zu diesem Buch finden Sie zusätzliche Informationen und Services.

Halten Sie dazu den unten abgedruckten Zugangscode bereit und gehen Sie auf **www.galileocomputing.de**. Dort finden Sie den Kasten **Die Bonus-Seite für Buchkäufer**. Klicken Sie auf **Zur Bonus-Seite/Buch registrieren**, und geben Sie Ihren **Zugangscode** ein. Schon stehen Ihnen die Bonus-Angebote zur Verfügung.

Ihr persönlicher
Zugangscode

pxar-2ecq-umzf-5dwv

Matthias Geirhos

IT-Projektmanagement

Was wirklich funktioniert – und was nicht

Galileo Press

Liebe Leserin, lieber Leser,

wenn Sie dieses Buch in Händen halten, stehen Sie möglicherweise am Anfang Ihres ersten IT-Projekts und haben wahrscheinlich schon viel darüber gehört, dass IT-Projekte meist länger dauern als geplant, teurer werden oder nicht alle Anforderungen erfüllen. Vielleicht leiten Sie auch bereits ein Projekt, das nicht ganz rund läuft, und können das aus eigener Erfahrung bestätigen.

Natürlich sind IT-Projekte komplexe Gebilde, die nicht immer leicht zu bändigen sind. Es gibt sie aber, die Mittel und Wege, mit denen Sie Ihr Projekt gut in den Griff bekommen. Das Beste daran ist, dass es fast immer die einfachen Dinge sind, die den entscheidenden Erfolg bringen. Unser Autor Matthias Geirhos hat in diesem Buch für Sie zusammengefasst, was das im Einzelnen ist.

So zeigt er Ihnen zum Beispiel, wie Sie einen Zeitplan aufstellen, mit dem sowohl der Auftraggeber als auch Ihre Entwickler leben können, wie Sie ihn dann tatsächlich auch einhalten, wie Sie die Kosten im Blick behalten, was Sie tun müssen, wenn das Projekt doch mal in Schieflage gerät, wie Sie Konflikte im Team lösen u.v.m. Falls Sie eine agile Methode wie Scrum einsetzen möchten, erhalten Sie in einem Extra-Kapitel zusätzliche Tipps.

Da Zeit im Projektmanagement meist ein eher knappes Gut ist, bietet Ihnen das Buch zur schnellen Orientierung viele Checklisten und echte Fallbeispiele aus dem IT-Projektleiteralltag. Von der Bonus-Seite können Sie sich zudem Vorlagen für Projekt- und Kostenpläne, Anforderungen, Besprechungsprotokolle, Projektaufträge u.v.m. herunterladen.

Wenn Sie Fragen, Kritik oder Verbesserungsvorschläge haben, schicken Sie mir eine Mail – ich freue mich über Ihre Rückmeldung!

Ihre Christine Siedle
Lektorat Galileo Computing

christine.siedle@galileo-press.de
www.galileocomputing.de
Galileo Press · Rheinwerkallee 4 · 53227 Bonn

Auf einen Blick

Der Name Galileo Press geht auf den italienischen Mathematiker und Philosophen Galileo Galilei (1564–1642) zurück. Er gilt als Gründungsfigur der neuzeitlichen Wissenschaft und wurde berühmt als Verfechter des modernen, heliozentrischen Weltbilds. Legendär ist sein Ausspruch *Eppur si muove* (Und sie bewegt sich doch). Das Emblem von Galileo Press ist der Jupiter, umkreist von den vier Galileischen Monden. Galilei entdeckte die nach ihm benannten Monde 1610.

Gerne stehen wir Ihnen mit Rat und Tat zur Seite:
judith.stevens@galileo-press.de bei Fragen und Anmerkungen zum Inhalt des Buches
service@galileo-press.de für versandkostenfreie Bestellungen und Reklamationen
britta.behrens@galileo-press.de für Rezensions- und Schulungsexemplare

Lektorat Christine Siedle
Korrektorat Angelika Glock, Ennepetal
Covergestaltung Barbara Thoben, Köln
Titelbild Johannes Kretzschmar, Jena
Typografie und Layout Vera Brauner
Herstellung Norbert Englert
Satz SatzPro, Krefeld
Druck und Bindung Bercker Graphischer Betrieb, Kevelaer

Bibliografische Information der Deutschen Nationalbibliothek
Die Deutsche Nationalbibliothek verzeichnet diese Publikation in der Deutschen Nationalbibliografie; detaillierte bibliografische Daten sind im Internet über *http://dnb.d-nb.de* abrufbar.

ISBN 978-3-8362-1773-6

© Galileo Press, Bonn 2011
1. Auflage 2011

Meinem Vater, von dem ich vieles gelernt habe –
vor allem den Wert gründlicher und sorgfältiger Arbeit.

Inhalt

Niemand weiß, was er kann, bevor er's versucht. (Publilius Syrus)

1 Einführung

Ja, ich weiß: Sie haben wenig Zeit. Woher ich das weiß? Nun, Sie haben sich für ein Taschenbuch entschieden – und noch dazu für eines, das Ihnen verspricht, auf den Punkt zu kommen: was wirklich funktioniert und was nicht. Sie hätten ja auch ein anderes wählen können – eines mit 1.000 Seiten und bunten Akronymen auf dem Titel, mit dem Sie nicht nur alle Fragen, sondern auch den Fragenden erschlagen können. Oder Sie hätten sich dafür entscheiden können, für den Rest Ihres Arbeitslebens an Zertifizierungen teilzunehmen. Glauben Sie mir: Das ist ohne Weiteres möglich.

Stattdessen erteilen Sie mir die ehrenvolle Aufgabe, für Sie das Wichtige vom Unwichtigen zu trennen, Ersteres kompakt darzulegen, Letzteres wegzulassen und aus dem Nähkästchen zu plaudern. Dafür erst einmal: vielen Dank! Ich werde mein Bestes für Sie geben.

IT-Projekte stehen leider in keinem guten Ruf. Sie scheinen Pech und Schwefel über dem auszuschütten, der sich ihnen nähert. Sie kennen bestimmt selbst viele Beispiele, und aktuelle Studien bestätigen das – ein Großteil der IT-Projekte muss als gescheitert gelten. Lediglich die Zahlen variieren ein wenig von Studie zu Studie.

Ich sehe das nicht so pessimistisch, nicht zuletzt weil ich mich bereits seit vielen Jahren mit IT-Projekten beschäftige. Und wenn ich 68 % aller Projekte in den Sand gesetzt hätte, wie eine solche Studie belegen soll, dann würde ich heute mit einer Nagelschere im Keller Akten vernichten. Das ist mir zum Glück erspart geblieben, und mein Büro befindet sich noch immer im Erdgeschoss. Nicht dass alle Projekte immer glattgelaufen wären, sondern weil ich im Laufe der Jahre einige wertvolle Erfahrungen gesammelt habe, die ich gerne mit Ihnen teilen möchte.

Denn was es für ein erfolgreiches IT-Projektmanagement braucht, darum geht es in diesem kleinen Werk. Ob Sie selbst schon einmal IT-Projekte

geleitet haben oder gerade vor dieser Aufgabe stehen, ob Sie in der Ausbildung, im Management, in der Entwicklung oder in einer Fachabteilung
arbeiten, ist dabei egal. Es sind immer dieselben Kenntnisse, Verfahren
und guten Angewohnheiten, die ein Projekt erfolgreich machen – und die
in diesem Buch zusammengefasst sind. Auf der Bonus-Seite zum Buch
(*www.galileocomputing.de*) finden Sie zudem Vorlagen für Projekt- und
Kostenpläne, Anforderungen etc. Und wenn Sie sonst noch Fragen haben,
schreiben Sie mir eine Mail (*matthias@geirhos.net*)!

1.1 Das Projekt auf dem Präsentierteller

Die Arbeitswelt liebt den Begriff »Projekt« und packt dort gerne all das
hinein, was ansonsten vielleicht zu profan klingen würde. Stellen wir uns
also zunächst die Frage, was ein Projekt im Grunde seines Wesens ist.

1.1.1 Was ist eigentlich ein Projekt?

Die meisten Fachleute sind sich da einig, dass ein Projekt einige Eigenschaften hat, die es von einer Routinetätigkeit abhebt:

▶ *Einmaligkeit*: Ein Projekt ist ein einmaliges Vorhaben.

▶ *Start- und Endezeitpunkt*: Ein Projekt beginnt zu einem festen Termin
und endet auch irgendwann einmal.

▶ *Ressourcen*: Ein Projekt benötigt ganz verschiedene Ressourcen, vor
allem Geld (Budget) und Arbeitskraft.

▶ *Ziel*: Der Weg ist hier nicht das Ziel, sondern das Ziel ist vorgegeben,
man kann es gewissermaßen schon aus weiter Ferne erkennen.

▶ *Komplexität*: Ein Projekt muss nicht schwierig sein, aber es ist auch
nicht trivial. Zur Erreichung des Ziels bedarf es einiger Organisation,
eines Lösungsweges, und es mag entlang der Umsetzung auch zu Kon
flikten kommen.

Das Belegen eines Hotdogs ist also kein Projekt – da werden Sie mir sicher
zustimmen. Die erste Marsmission ist ein Projekt – auch das ist unstrittig.
Aber was ist mit dem Errichten eines Hauses? Ist es einmalig? Für Sie
sicherlich, aber für den Bauträger? Und auch für ihn unterscheidet es sich
vielleicht von allen anderen Häusern, die er bisher gebaut hat.

Obgleich diese Eigenschaften wichtig sind – sie führen uns eher hinters Licht als in die Objektivität. Versuchen wir es daher mit einer zweiten Definition.

> **Definition »Projekt«**
>
> Ein Projekt ist eine komplexere Aufgabe, die einen Anfang und ein Ende hat, für die eine projektspezifische Organisation eingerichtet wurde und die ein bestimmtes Ziel verfolgt.

Gleich geblieben sind die Komplexität, der Anfang, das Ende und das Ziel. Neu ist die *projektspezifische Organisation*. Sie finden, das hätte auch aus der Feder eines Berufspolitikers stammen können? Dann lassen Sie mich schnell erklären, was eine projektspezifische Organisation ausmacht:

- ▶ Einen *Projektleiter*, also vermutlich: Sie. Der Projektleiter ist der Regisseur und verfügt, im Rahmen seiner Kompetenz, über die erforderlichen Ressourcen.

- ▶ Ein *Projektteam*, also Menschen, die an diesem gemeinsamen Ziel mitarbeiten.

- ▶ Einen *Projektplan*, das ist der Masterplan, der aus Aktivitäten, Terminen und Zuordnung von Ressourcen besteht.

- ▶ Oft, aber nicht immer, *Kontrollinstanzen*, also beispielsweise einen Lenkungsausschuss, der das Projekt überwacht und unterstützt.

Damit kann unser Bauträger entscheiden: Möchte er für jedes Haus einen Projektleiter und ein Projektteam einsetzen (Projekt) oder lieber eine andere Organisation wählen, zum Beispiel einen zentralen Koordinator, der die Einsätze der Handwerker vor Ort steuert (kein Projekt).

Ohne die ersten beiden Voraussetzungen sollten Sie die Hände erst gar nicht aus Ihren Hosentaschen nehmen. Wenn Sie keine Leitungsfunktion einnehmen, über kein Budget verfügen und keine Mitarbeiter haben, die gemeinsam mit Ihnen an der Erreichung des Ziels arbeiten, dann sind Sie kein Projektleiter, sondern ein armes Schwein (verzeihen Sie bitte). Wenn es zu viele Kontrollinstanzen gibt, oder solche, die jeden Schritt kontrollieren, leider auch – aber das ist eine andere Geschichte.

Leider passiert es recht häufig: Es wird ein Projektleiter ernannt, dem aber die Gestaltungsmöglichkeiten fehlen – weil er um jede Stunde Arbeitszeit betteln muss oder weil ein Dritter jede Ausgabe vorher genehmigen möchte. Projektleiter, der Name sagt es schon, hat mit Leitung zu tun, und Leitung setzt ein Mindestmaß an Kompetenz voraus.

Die erste und zugleich wichtigste Frage lautet daher: Soll und kann ich das Projekt überhaupt annehmen? Oder etwas anders formuliert: Kann ich dabei auch gewinnen oder eigentlich nur verlieren? Das ist eine legitime Frage, bevor Sie Wochen, Monate oder gar Jahre Arbeit und Mühe in ein Projekt investieren.

> **Wann sollten Sie ein Projekt als Projektleiter lieber ablehnen?**
>
> ▶ Wenn Ihr Auftraggeber und Sie das Projektziel nicht so wiedergeben können, dass ein Dritter jeweils dasselbe darunter versteht.
>
> ▶ Wenn der Auftraggeber und andere wichtige Projektbeteiligte nicht ein gewisses Maß an Grundvertrauen für Sie und Ihr Team aufbringen.
>
> ▶ Wenn Sie kein Budget haben, über das Sie (relativ) frei verfügen können. Das Budget muss nicht das ganze Projekt umfassen, aber zumindest den Anfang abdecken.
>
> ▶ Wenn Sie kein Projektteam haben oder Größe und (ungefähre) Zusammensetzung weder kennen noch selbst bestimmen können.
>
> ▶ Wenn Ihnen, oder Ihrem Auftraggeber, nicht klar ist, wann das Projekt beginnen und wann es enden soll.
>
> ▶ Wenn Sie sich fühlen, als wären Sie in einer Sardinenbüchse eingezwängt, weil es einfach zu viele Berichts-, Kontroll- und Genehmigungspflichten gibt.
>
> ▶ Wenn Sie Größe und Komplexität des Projekts überhaupt nicht einschätzen können.

Natürlich können und sollten Sie versuchen, die Spielregeln in diesen Fällen zu verändern, denn ein Projekt abzulehnen kann natürlich auch unvorteilhaft sein. Eines sollte inzwischen aber klar geworden sein: Projekte sind etwas Besonderes und keine Routine.

1.1.2 Was ist eigentlich Projektmanagement?

Ist das nicht klar? Das Projektmanagement, genauer der Projektleiter, führt das Projekt zum Erfolg! Ihn lobt man, wenn er es schafft, und seine Füße baumeln über dem Boden, wenn er das Projekt vergeigt. Ganz falsch ist das nicht, aber es gibt auch hier wieder mehr Aufgaben zwischen Himmel und Erde, als man zunächst vermuten möchte, und daher, weil's heute so chic ist, hier die Top-5-Aufgaben des Projektmanagements:

Top 1: Kommunizieren

Der Projektleiter muss keine Plaudertasche sein, aber der Kontakt zwischen ihm und dem Auftraggeber darf nie abbrechen. Er muss ihm Erfolge verkaufen (»Der Usability-Test der neuen Software hat ergeben, dass sie nachweislich sogar von dreijährigen Schimpansen bedient werden kann«), Misserfolge schonend beibringen (»Das Qualitätsmanagement hat da noch ein paar unscheinbare Fehler gefunden«), mehr Geld aus den Rippen leiern (»Es ist noch ein wenig Monat am Ende des Geldes übrig«) und Vertrauen schaffen können (»Yes, we can!«).

Neben dem Auftraggeber gibt es noch viele weitere Beteiligte, die mit Worten versorgt werden möchten: das Projektteam, der Lenkungsausschuss und die Geschäftsführung, um nur einige zu nennen.

Der Projektleiter informiert dabei nicht nur, er moderiert auch (nicht nur in Sitzungen) und schlichtet auftretende Konflikte.

Ganz allgemein lässt sich sagen: Die Hauptaufgabe des Projektmanagements ist es, den Dialog im Fluss zu halten und effizient zu gestalten.

Aus der Praxis

Ich kann mich noch gut an eines meiner ersten Projekte erinnern. Es ging um die Entwicklung einer Software für die Auftragsdisposition. Voller Tatendrang tauchte ich in das Projekt ein und erst zwei Monate später wieder auf. Den Auftraggeber hatte ich völlig vergessen – und er mich auch, denn das Projekt hatte er gänzlich aus dem Blickfeld verloren. Und so hatte er in der Zwischenzeit denselben Projektauftrag noch einmal, extern, vergeben.

> Da sich inzwischen auch einige fachliche Anforderungen verändert hatten, von denen ich nichts mitbekommen hatte (ich war viel zu beschäftigt), konnte ich die zwei Monate Arbeit endgültig in die Tonne treten – aber wenigstens meine Erfahrung mehren.

Top 2: Delegieren

Projektleiter sind keine Einzelkämpfer, sie führen ein Projektteam und sind gleichzeitig auch darin eingebettet. Dabei sind sie selten die disziplinarischen Vorgesetzten der Projektmitglieder, und dennoch müssen sie die Aufgaben (man nennt sie dann auch Aktivitäten oder Vorgänge) delegieren.

Delegieren ist aber nicht genug, denn gesagt ist nicht getan. Es geht also auch um Kontrolle, darum, den Stand der delegierten Aufgaben zu kennen und zu überwachen.

Top 3: Komplexität reduzieren/planen

Ein altes Sprichwort sagt: Nur die halben Sachen sind kompliziert. Da ist was dran, und so macht ein Projektleiter aus den halben Sachen ganze Sachen und reduziert damit die Komplexität.

Das kann bedeuten, dass eine Software in ihre Komponenten zerlegt werden muss, die dann unabhängig voneinander entwickelt werden können. Oder eine scheinbar komplexe Anforderung wird im Dialog mit dem Auftraggeber konkretisiert. Wie auch immer: Am Ende steht der Projektplan, der ein gutes Stück Umsetzbarkeit garantiert.

IT-Projekte sind oft »Hydra-like«. Konkretisiert man eine Anforderung, tauchen wie aus dem Nichts zwei weitere auf, und daher begleitet einen Projektleiter diese Aufgabe über das gesamte Projekt hinweg.

Top 4: Motivieren

Projekte können über Monate oder gar Jahre gehen. Über einen solch langen Zeitraum das Projektteam bei Laune zu halten ist eine Herausforderung für sich. Denken Sie immer daran, dass die meisten Projektmitglieder auch das Tagesgeschäft bedienen müssen und vielleicht gleichzeitig noch an anderen Projekten beteiligt sind.

Gute Projektleiter motivieren also ihre Projektteams. Sie machen beispielsweise die guten Leistungen der einzelnen Projektmitglieder publik und behalten die weniger guten diskret für sich. Sie nehmen nicht nur, sondern sie geben auch, sind fair und behalten stets die gesamte Leistung im Blick.

Top 5: Controlling

Projektleiter brauchen den berühmten »roten Faden«, dem das Projektteam folgen kann. Der rote Faden gibt die nächsten Schritte vor. Damit aber nicht genug, denn der rote Faden muss zum Projektziel führen. Projektleiter gleichen daher den Projektverlauf immer mit den Projektzielen ab: »Kommen wir dem Ziel auf diese Weise näher?« Und: »Was sollten wir wie verändern?« – das sind ihre beiden wichtigsten Fragen.

Dann gibt es noch die »Rahmenbedingungen«, also Budget, Qualität und Zeit, die es einzuhalten gilt. Die besten Projektleiter wüssten darauf spontan die Antwort, wenn man sie nachts wecken würde.

Nicht immer muss das Projektcontrolling in den Händen des Projektleiters liegen, aber fast immer liegt die Verantwortung dafür bei ihm. So viel zu Projekten und zum Projektmanagement an sich, und damit wäre auch schon grob gesagt, was Sie sich unter diesem Buch vorstellen können. Es geht darum, Projekte erfolgreich zu leiten. Um nicht mehr, aber auch nicht weniger, ohne Schnickschnack, ohne Schleifchen und auf das Wesentliche reduziert. Wir haben das Buch so ausführlich gehalten, dass Sie damit etwas anfangen können, und doch so knapp, dass Sie sich nicht verletzen, wenn es Ihnen einmal auf den Fuß fallen sollte. Es kann bereits alles sein, was Sie brauchen, wenn Sie Projekte als Mittel zum Ziel sehen, oder auch ein Anfang, wenn Sie Lust am Projektmanagement gefunden haben und tiefer einsteigen möchten – das liegt ganz bei Ihnen. Apropros »Sie«: Gestatten Sie mir bitte, dass ich einige Annahmen über Sie mache.

1.2 Wie ich mir Sie vorstelle

Der Chef hat Sie zu sich bestellt und offenbart Ihnen nun: »Müller, leiten Sie doch mal das CRM-Projekt«. Sie wissen natürlich, worum es geht: Es soll eine Datenbank nebst Software entstehen, die der Vertrieb nutzen kann, um seine Aktivitäten besser planen zu können.

Vielleicht überlegen Sie sich nun, ob Sie sie sich eher bemitleiden oder beglückwünschen sollten. Ich jedenfalls beglückwünsche Sie dazu! Denn die Leitung eines Projekts stellt eine ganz neue Herausforderung dar und eröffnet in vielen Fällen neue Karrieremöglichkeiten.

Vielleicht haben Sie aber auch schon erste Erfahrungen gesammelt und dabei mehr oder weniger leidvoll festgestellt: So einfach ist das nicht mit den Projekten. Denn Fachwissen allein genügt nicht; Projekte zu leiten bedeutet ebenso viel Führung wie Wissen, ebenso viel Kommunikation wie Ausführung und ist ohne die richtigen Herangehensweisen, ohne die richtigen Kniffe und ohne eine systematische Planung kaum je erfolgreich.

Eventuell sind Sie selbst Entwickler (ich mag Entwickler so sehr, dass ich sogar Bücher für sie schreibe), oder Sie kommen aus einer Fachabteilung (Sie mag ich natürlich ebenso sehr). Welchem Lager Sie sich auch nahe fühlen, für Projekte ist das einerlei, denn die Werkzeuge und Techniken unterscheiden sich nicht.

In jedem Fall, ich habe es schon erwähnt, stelle ich mir Sie als ungeduldigen Leser vor, der das Wichtigste ohne Brimborium erfahren möchte. Beginnen wir daher mit einem Wegweiser für eilige Leser.

1.3 Wegweiser für eilige Leser

Sie beginnen gerade ein neues Projekt, und Ihr Chef möchte schnell Ergebnisse sehen? Dann wiederum empfehle ich Ihnen, die Kapitel 3, 4 und 6 vorab zu lesen und anschließend mit den restlichen Kapiteln fortzufahren. Sie können so schon einmal anfangen und Ihr Wissen und Ihre Fertigkeiten im Projektverlauf vergrößern und festigen.

Stecken Sie hingegen mitten in einem Projekt, das ein wenig Schlagseite hat? Dann sind die Kapitel 2, 3 und 7 wie für Sie gemacht. Dort finden Sie viele Sofortmaßnahmen, die Sie wieder auf Kurs bringen sollten.

Sie wurden von der Muse geküsst und haben ein wenig Zeit mitgebracht? Die Kapitel sind so aufgebaut, dass Sie dieses Buch natürlich auch von vorn bis hinten durchlesen können.

Doch gleich, wie Sie vorgehen: Ich wünsche Ihnen viel Freude mit diesem Buch!

Verbringe die Zeit nicht mit der Suche nach einem Hindernis, vielleicht ist keins da. (Franz Kafka)

2 Im Nebel nach Turkmenistan – warum Projekte scheitern (können)

Die Medien scheinen gescheiterte IT-Projekte zu lieben, weil sie im Schlepptau eine Spur der Verwüstung hinter sich herziehen. Oder anders gesagt: Große IT-Projekte scheitern besonders spektakulär.

Der weit überwiegenden Anzahl ist zwar ein weniger öffentliches Schicksal beschieden, sie leiden aber dennoch an zu hohen Kosten, einer schlechten Qualität, oder, besonders häufig, an Terminüberschreitungen. Manchmal freilich auch an allen drei Problemen gleichzeitig.

Es nimmt also nicht wunder, wenn Geschäftsführer und Vorstände IT-Projekte nur mit spitzen Fingern anfassen. Denn der Erfolg kennt viele Väter (und ist obendrein auch noch das erwartete Ergebnis selbst), Not leidende Projekte hingegen, die nun mal viel häufiger sind, kleben an einem wie Pech und Schwefel.

Bevor Sie jetzt dieses Buch dem Papierkorb überantworten, verschone ich Sie mit Statistiken und Studien zu IT-Projekten und biete Ihnen stattdessen lieber Lösungen an. Denn es gibt sie: IT-Projekte, die Freude machen und die das magische Dreieck nahezu ausfüllen, auch wenn man weniger häufig über sie liest.

Damit auch Ihre Projekte in Zukunft dazugehören, habe ich in diesem Buch die wichtigsten alltagstauglichen Best Practices für Sie zusammengefasst. Es soll Ihnen eine Seekarte für die Untiefen des IT-Projektmanagements sein. Begleiten Sie mich zunächst aber auf eine Sightseeingtour zu einigen Wracks.

2.1 Die Kommunikation eines alten Ehepaars

Betrachten wir eine Szene am morgendlichen Frühstückstisch.

»Kannst du mal eben?«
»Nee, sind keine mehr da!«
»Warum denn?«
»Is' besser so, du weißt doch ...«

Ja, der Gatte weiß schon, warum keine Frühstückseier mehr da sind. Die holde Gattin hat das Gut »Frühstücksei« künstlich verknappt, aus Rücksicht auf seinen erhöhten Cholesterinspiegel. Wie nett von ihr.

In IT-Projekten ist eine solche Kommunikation nur in den wenigsten Fällen erfolgreich, weil das Projektteam nur sehr selten so eingespielt ist, dass diese Steno-Kommunikation auch beim Empfänger so ankommt, wie sie vom Sender gedacht war.

Sehen wir uns nun aber einmal im Detail an, was dabei alles schiefgehen kann.

2.1.1 Irrglaube Nr. 1: Geschrieben ist schon getan

Zu einer erfolgreichen Kommunikation gehören die folgenden fünf Phasen:

1. **Gesendet**: Eine E-Mail wurde abgesendet, ein Brief in die Post gegeben oder ein Telefonat begonnen.

2. **Empfangen**: Unser Kommunikationspartner hat den Text gelesen, den Anrufbeantworter abgehört oder uns zugehört.

3. **Verstanden**: Es ist klar geworden, was wir wollen, der Empfänger hat die Botschaft verstanden.

4. **Einverstanden**: Fast noch wichtiger ist dieser Schritt, unser Kommunikationspartner kann und möchte uns unterstützen.

5. **Handeln**: Der Kreis schließt sich, es wird gehandelt.

Wenn wir erfolgreich sein wollen, darf diese Kette nicht abreißen. Sie können sich nicht blind darauf verlassen, dass eine Nachricht beim Empfänger ankommt, weder die Nachricht selbst noch deren Inhalt.

Take away

▶ Wenn etwas besonders wichtig ist: Rufen Sie an! Dadurch kürzen Sie den Vorgang erheblich ab, und Sie können sofort auf entstehende Missverständnisse reagieren. Außerdem spüren Sie, ob Ihnen die notwendige Aufmerksamkeit zuteilwird. Ihr Kommunikationspartner wird zudem schätzen, dass Sie sich die Zeit nehmen, persönlich mit ihm zu sprechen.

▶ Oft lohnt es sich, wenn Sie ein vorausgegangenes Telefonat noch einmal kurz schriftlich zusammenfassen. Dies dient der Klarheit für Sie und Ihren Kommunikationspartner und gibt noch einmal Gewissheit, dass Sie auch beide dasselbe verstanden haben. Außerdem erhalten Sie so auch eine Dokumentation des Besprochenen.

▶ Schriftliche Kommunikation, bei denen Sie ein Handeln erwarten, sollten Sie auf Wiedervorlage legen, um später noch einmal nachzufassen.

▶ Bei Ihren »Pappenheimern« sollten Sie nach einer schriftlichen Kommunikation kurz telefonisch nachfassen oder um kurze Bestätigung bitten.

▶ Vermeiden Sie, zu diesem Zweck Lesebestätigungen in Outlook zu verwenden, die eine Spur zu offensiv wirken. Stellen Sie doch lieber am Ende Ihrer E-Mail eine Frage, zum Beispiel: »Was denken Sie darüber?« Bleibt die Antwort aus, hat der Empfänger Ihre E-Mail vermutlich nicht gelesen.

2.1.2 Irrglaube Nr. 2: Ist doch sonnenklar, oder?

Natürlich, Ihr Projekt ist das Wichtigste. Sie leben darin, kennen dessen Entstehungsgrund, brauchen sich nicht selbst von dessen Notwendigkeit zu überzeugen und sind bis in die Haarspitzen motiviert. Aber gilt das auch für Ihren Kommunikationspartner? Wenn Sie auf diese Frage nicht frei heraus »Aber natürlich!« antworten können, sollten Sie Maßnahmen ergreifen.

Take away

▶ Bitte denken Sie jederzeit daran: Sie konkurrieren mit anderen Projekten und mit dem Tagesgeschäft des anderen um Aufmerksamkeit und Zeit.

▶ Seien Sie lieber etwas ausführlicher. Entgegen aller Annahmen werden (ein wenig) längere E-Mails nicht seltener gelesen als kurze, wohl aber für wichtiger gehalten.

▶ Ein wenig Redundanz ist hilfreich, vor allem, wenn Sie nur sporadisch mit Ihrer Gegenstelle kommunizieren.

▶ Setzen Sie nichts voraus, von dem Sie sich nicht sicher sind, dass es Ihr Partner auch beim Aufwecken um halb vier Uhr morgens spontan und fehlerfrei rezitieren könnte. (Aber testen Sie das bitte nicht aus!)

▶ Bei besonders komplexen Themen sollten Sie darum bitten, dass Ihr Gesprächspartner den Inhalt mit eigenen Worten wiederholt (ein wenig charmant verpackt natürlich).

2.1.3   Irrglaube Nr. 3: Toll, ein Job!

Als Projektleiter müssen Sie häufig Jobs verteilen, ohne dass Sie allerdings gleichzeitig auch disziplinarischer Vorgesetzter des Empfängers wären. Es ist vernünftig anzunehmen, dass dieser nicht, einem Löwen gleich, sprungbereit auf Sie wartet, bis Sie ihm das Leckerli »Job!« vor die Füße werfen. Aus Sicht des Löwen sind Sie nicht der Futtermeister, sondern eher der Zahnarzt.

Für Ihre Kommunikation können Ihnen die folgenden Tipps weiterhelfen.

Take away

▶ Besonders bei umfangreichen Aufgaben: Gewinnen Sie vorher ein Bild über die Auslastung Ihres Kollegen.

▶ Stellen Sie immer heraus, warum gerade diese Aufgabe wichtig für das Projekt ist. Außer Sisyphos, der heute noch den Felsblock den Hang hinaufrollt, sollte niemand nutzlose Arbeit verrichten müssen.

▶ Seien Sie nicht geizig! Nicht mit Lob und auch nicht mit kostenlosem Kaffee.

▶ Beziehen Sie den Vorgesetzten mit ein. Einerseits muss dieser natürlich den Aufwand kennen, andererseits auch die gute Arbeit seines Mitarbeiters würdigen können.

▶ Bei den ewigen Neinsagern: Seien Sie hartnäckiger als Sisyphos. Anstatt den Vorgesetzten allein um Hilfe zu bitten, bieten Sie lieber ein Dreiergespräch mit dem kooperationsresistenten Mitarbeiter an.

▶ Seien und bleiben Sie freundlich. Und mit ein wenig Humor knacken Sie so manchen harten Kern.

2.2   2 + 2 = 5 – die Regeln der Komplexität

Kommen wir nun zum Kern dieses Kapitels, dem Nebel. Der Nebel hindert uns daran, vorauszublicken; was im Nebel liegt, ist verborgen.

Projekte scheitern, wenn sie zu komplex werden oder bereits zu komplex sind – für die beteiligten Personen, für den Projektleiter, für die eingesetzten Technologien oder alles zusammen. Projekte leiden Not, wenn sie sich später als komplexer erweisen, als während der Planung angenommen.

Komplexität hat mit Beherrschbarkeit und Beherrschbarkeit wiederum mit Planbarkeit zu tun. Was nicht planbar ist, ist komplex, also augenscheinlich undurchdringlich – eben wie der Nebel. Planbarkeit setzt aber ein gewisses Maß an Erfahrung voraus, entweder mit der Sache selbst oder aber mit ähnlichen Dingen aus der Vergangenheit.

Und gerade hier beißt sich die Katze in den Schwanz: Denn Projekte zeichnen sich ja gerade durch ihre Neuartigkeit aus, was man schon öfter gemacht hat, ist hingegen Routine. Ein gewisses Maß an Planungsunsicherheit gehört also zum Geschäft.

Das Toll-Collect-Debakel, also die Einführung einer satellitengestützten Lkw-Maut, ist das vielleicht bekannteste Beispiel. Andererseits gibt es zweifelsohne viele ebenso komplexe IT-Projekte, die den Medien fremd geblieben sind – weil sie erfolgreich verliefen.

Was sind also die entscheidenden Faktoren oder zunächst: Wie erkennt man Komplexität? Zum Beispiel mithilfe der im Folgenden erläuterten Indizien.

Wie Sie den Nebel erkennen

▶ Zwei Personen beschreiben eine Aufgabe völlig anders.

▶ Es herrscht große Uneinigkeit über die Schätzung der Umsetzungsdauer bzw. der zu erwartenden Kosten.

▶ Eine Aufgabe kann nicht klar beschrieben werden, so, dass ein Dritter sie verstehen könnte, die Beschreibung bleibt abstrakt und an der Oberfläche.

▶ Es stellt sich der »Blackbox-Effekt« ein, eine Aufgabe wird also als mirakulöses Ganzes betrachtet, wobei man davon ausgeht, dass sie sich später schon noch zu erkennen geben wird. In Übersichtsplänen gibt es dann meistens ein Kästchen für das noch zu geschehende Wunder.

▶ Etwas ist völlig neu, es gibt keine Referenzen innerhalb und außerhalb der Organisation (hierunter fällt das Toll-Collect-Projekt).

▶ Man vertagt die Besprechung immer weiter nach hinten, weil noch »Informationen fehlen«.

Wenn Sie diese Indizien erkennen, dann ist Vorsicht geboten! Es droht die Komplexitätsfalle und damit die Gefahr, dass das Projekt aus dem Ruder läuft. Andererseits: Wenn Ihr Projekt nicht komplex wäre, wozu wäre dann der ganze Aufwand gut? Eine der Hauptaufgaben von Projektmanagement ist es, Komplexität beherrschbar zu machen.

In Kapitel 6, »Der Nebel lichtet sich – die Projektplanung«, erfahren Sie deshalb mehr zur Projektplanung und zur Zeitschätzung.

Nicht immer zeigt sich das ganze Ausmaß der Komplexität von Beginn an, dann offenbart sie sich erst entlang des Weges. Und dennoch: Am Anfang steht die Schätzung ...

Aus der Praxis

Vor einigen Jahren begann ich mit einem neuen Projekt. Die gesamte IT-Landschaft sollte serviceorientiert umgestaltet werden, in einem ersten Schritt die ERP-Software. Ich hatte dazu die Idee, und so wurde ich schnell Projektleiter.

Wie immer ging es auch hier schon zu Beginn um die beiden Gretchenfragen: Wie lange dauert es, und was kostet es?

Ich schätzte die Komplexität ein, war aber beim besten Willen nicht in der Lage, ein auf mehrere Jahre ausgelegtes Projekt auf den Monat genau vorherzusagen (vor allem, ohne die genauen Anforderungen zu diesem frühen Zeitpunkt zu kennen). Würde ich eine zu lange Zeit schätzen, dann wäre es vorbei, noch bevor es begonnen hätte; schätzte ich aber zu kurz, würde mich dieser Fehler schon bald einholen.

Nachdem sich der Entscheidungsprozess hinzog wie zäher Honig, erstellte ich einen ausführlichen Projektplan, viele Seiten lang und schön mit Terminen versehen. Er überzeugte, denn Entscheider sind meist planungsversessen.

Das Projekt dauerte rund 35 % länger als geplant. Mein Chef sagte mir eines Tages: »Wenn ich gewusst hätte, wie lange es dauern würde, dann hätte ich es vermutlich gar nicht erst angefangen«. Wie gut, dass ich es ihm damals nicht so genau erzählt hatte, denn das Projekt gilt inzwischen als großer Erfolg.

Und die Moral von der Geschicht'? Es geht nicht nur um Planung, sondern auch um Erwartungen, um politische Zugeständnisse genauso wie um ein notwendiges Maß an Unsicherheit. Seine Möglichkeiten und das Umfeld zu kennen ist daher ebenso wichtig wie die Fähigkeit, die Komplexität richtig einschätzen zu können.

Was lässt sich da also machen?

Take away

▶ Akzeptieren Sie Komplexität und die damit verbundene Unsicherheit. Es geht nicht darum, diese komplett zu vermeiden, sondern sie einzugrenzen und angemessen damit umzugehen.

▶ Finden Sie die richtigen Leute, die richtigen Dienstleister und die richtigen Produkte. Alles wird leicht, wenn fähige Mitarbeiter an den entsprechenden Hebeln sitzen.

▶ Legen Sie die Alternative offen: Unsicherheit kann durch eine lange und ausführliche Planungsphase minimiert werden, oder aber eine schnelle, im Umkehrschluss dann allerdings weniger vorhersehbare Umsetzung wird gewünscht.

▶ Wenn Sie etwas beim besten Willen nicht schätzen können, dann lassen Sie es – wenn es die Erwartungen zulassen.

▶ Identifizieren Sie alle risikobehafteten Dinge in Ihrem Projekt, und erstellen Sie daraus einen Katalog, den Sie fortan im Auge behalten.

▶ Informieren Sie den Auftraggeber rechtzeitig, wenn sich etwas als komplexer herausstellt als vermutet; je früher, desto besser.

▶ Vermeiden Sie hausgemachte und unnötige Komplexität, zum Beispiel durch immer neue Change Requests in der Umsetzungsphase.

▶ Für komplexere Projekte kann eine Voruntersuchung notwendig werden, die man dann meist *Proof of Concept* nennt. Sie geht dem Projektplan voraus, ist nicht dessen Bestandteil und dient ausschließlich dazu, die Machbarkeit zu überprüfen. Oft entstehen daraus Prototypen und andere weiterverwendbare Ergebnisse.

▶ Lassen Sie sich den Lösungsweg erklären, vor allem dann, wenn Sie es mit Entwicklern zu tun haben. (Übrigens auch dann, wenn Sie von der Sache im Detail noch nicht viel verstehen!)

2.3   Zero Trouble Forecast

Zero Trouble Forecast (ZTF) ist die Inkarnation des Optimismus, der Anti-Murphy sozusagen. Ich habe den Begriff erfunden, und Sie können mir gerne dabei helfen, ihn weiterzuverbreiten.

Ja, als Projektleiter braucht man Optimismus, und wenn in diesem Buch viel von Problemen die Rede ist, dann sei hier einmal stellvertretend gesagt: Vieles wird gut laufen! Oft liefert Ihr Projektteam pünktlich und in guter Qualität. Aber dafür brauchen Sie dieses Buch nicht zu lesen.

ZTF hingegen ist ein interessantes Phänomen, weil es Unternehmen jeder Größe und jeder Reife befällt. ZTF steht für den Irrglauben, alles würde wie am Schnürchen laufen, jeder würde seine Arbeit innerhalb der vorhergesehenen Zeit erledigen, Stolperfallen ließen sich schnell aus dem Weg räumen usw.

Den meisten kommt das schon irgendwie komisch vor, und so bauen sie an den einen oder anderen Stellen ein wenig Zeitpuffer ein, zur Beruhigung des eigenen Gewissens sozusagen.

Aber was ist daran falsch? Schauen wir uns dazu wieder ein Praxisbeispiel an.

Aus der Praxis

In meinem Unternehmen gründen wir häufig neue Tochtergesellschaften im Ausland. Meine Aufgabe ist es dann, die vorhandene Software zu lokalisieren und einzuführen.

Dieser Prozess läuft immer gleich ab: Man trifft sich mit dem zuständigen Geschäftsführer und erarbeitet einen Termin- und Maßnahmenplan. Scheinbar realistisch, scheinbar vollständig, aber auch immer unhaltbar. Gerade tun wir dies für Kasachstan, wo die Software schon längst in Betrieb sein sollte. Am heutigen Tag wurde noch keine Zeile Code geschrieben, ja noch nicht einmal die Anforderungen sind vollständig erfasst.

Wie kommt das? Dafür gibt es einige wichtige Gründe, aus denen sich Folgendes lernen lässt:

▶ Man möchte Probleme nicht vorhersehen, weil einem das pessimistisch vorkommt.

▶ Die Erfahrungen aus früheren, ähnlichen Projekten scheinen Ausnahmen zu sein. Die damaligen Gründe treffen ja heute, für dieses Projekt, nicht mehr zu.

▶ Man vertraut viel zu schnell ungesichertem Wissen (im aktuellen Fall der Vermutung, die Anpassungen für Kasachstan würden gering ausfallen, weil wir doch schon unsere Software in Russland betreiben).

▶ Nur selten wird ein projekttechnischer Kassensturz gemacht, man nimmt an, das neue Projekt stünde allein da, und man könne die Ressourcen so einteilen wie benötigt.

Diese Phänomene begegnen mir immer wieder, in verschiedenen Unternehmen und verschiedenen Positionen.

Richtig ist, dass Projekte Risiken bergen. Jedes Projekt, im Großen wie im Kleinen. Nehmen wir wieder einmal Kasachstan, wo sich bereits eine Reise zum Abenteuer auswächst und Sie erst einmal persönlich im Konsulat vorstellig werden müssen, um überhaupt ein Visum zu erhalten.

Wenn Sie jetzt glauben, Puffer wären die Lösung: weit gefehlt! Wer die Risiken nicht kennt, kann die nötigen Zeitpuffer nicht richtig bemessen. Was im einen Projekt der berühmte Tropfen auf dem heißen Stein ist, kann für ein anderes Projekt unrealistisch viel sein.

In Abschnitt 6.1, »Lieber schätzen als verzocken«, gehe ich näher auf die richtige Zeitschätzung ein, im Folgenden finden Sie einige Tipps, wie Sie der ZTF-Falle entgehen.

Take away

- ▶ Identifizieren Sie die Punkte, die risikobehaftet sind – vollständig und vorurteilsfrei.

- ▶ Lernen Sie konsequent aus Projekten der Vergangenheit.

- ▶ Hinterfragen Sie Aussagen, bevor Sie sie als Wahrheiten akzeptieren.

- ▶ Seien Sie vorsichtig, nicht pessimistisch. Wenn Sie mit Problemen rechnen, bedeutet das noch lange nicht, dass Sie ein pessimistischer Typ sind.

- ▶ Entkommen Sie dem Gruppenzwang – zum Beispiel in einer Runde einem Vorschlag zuzustimmen, nur weil das alle anderen auch tun. Sie sind der Profi – man erwartet von Ihnen Ihre ehrliche Meinung.

2.4 Tontaubenprojekte – von der Kunst, bewegliche Ziele zu treffen

Pantha rhei, alles fließt, das wusste schon Heraklit. Ob er sich damals bereits als Projektmanager verdingt hat, ist nicht überliefert. Und wenn, dann hätte ihm dieser Umstand wenig Freude bereitet, so wie Ihnen, mir und vielen Tausenden weiteren Projektleitern.

Stetiger Wandel ist der Begleiter der meisten Projekte. Man gibt ihnen schöne Namen wie *Change Requests*, und den dazugehörigen Prozess nennt man *Requirement Engineering*; das kann aber freilich nicht darüber hinwegtäuschen, dass hier ein Wolf im schönen Gewande versteckt wird, was schon bei Rotkäppchen nur von mäßigem Erfolg gekrönt war.

Man hat das erkannt, den Begriff *Agilität* geboren und damit den Bock zum Gärtner gemacht. Agilität gilt heute als chic. Wenn Sie also weiterhin für feste Strukturen sind, dann gelten Sie in etwa als so veraltet, als wären Sie seinerzeit bei Rotkäppchen dabei gewesen.

Akzeptieren wir also das Unabwendbare:

1. Projekte verändern sich im Laufe ihrer Zeit. Das eine mehr, das andere weniger.
2. Geschieht das zu häufig oder sind die Änderungen zu gravierend, kann das ein Projekt zielsicher zu Fall bringen.

Sie müssen also abwägen, welchen Tontauben Sie hinterherjagen können und welchen nicht.

Betrachten wir nun zunächst einige Indikatoren, die auf zu viel Agilität in Ihren Projekten hinweisen.

Agilitätsfallen

▶ Sie bringen Anforderungen nicht mehr oder nicht mehr sinnvoll in Ihren Projektplänen unter – oder Sie kommen schon gar nicht mehr dazu, Ihre Projektpläne zu aktualisieren.

▶ Ein größerer Teil der Zeit wird allein für die Verwaltung und Qualifizierung von Anforderungen aufgewendet.

▶ Es herrscht das Motto: »Sind die Änderungen auch gelungen, wir ändern auch die Änderungen«.

▶ Sie, oder andere wichtige Projektbeteiligte, verlieren den Überblick.

▶ Sie können hinsichtlich Zeit und Kosten keine sinnvollen Aussagen mehr treffen.

▶ Sie geraten plötzlich in die Komplexitätsfalle (siehe Abschnitt 2.2, »2 + 2 = 5 – die Regeln der Komplexität«).

▶ Es wird gar erwartet, dass die neuen Anforderungen keine Auswirkungen auf Qualität, Zeit und Kosten haben.

▶ Es wird an Ihnen vorbeikommuniziert, zum Beispiel indem die Fachabteilung direkt den Entwicklern Aufträge erteilt.

Wenn Sie sich in einer solchen misslichen Lage befinden, sollten Sie die Reißleine ziehen. Reißleine bedeutet hier: Krisensitzung, mit den wichtigsten Projektmitgliedern und, vor allem, mit dem Auftraggeber. So eine Sitzung werden Sie nur dann souverän beherrschen, wenn Sie alle Änderungen im Projektverlauf dokumentiert haben, oder sie bleiben abstrakt und damit beliebig. Dann aber sind konkrete Ergebnisse nicht zu erwarten.

Ergebnis einer solchen Sitzung ist ein teilweiser Re-Start des Projekts, in dem die Anforderungen erneut gesichtet werden und eine Entscheidung getroffen wird, welche davon in das Projekt mit einfließen sollen. Anschließend wird der Projektplan angepasst, der fortan die neue Grundlage für die Zusammenarbeit bildet.

Damit es allerdings gar nicht erst so weit kommt, empfehle ich Ihnen die folgenden Vorgehensweisen. Auf der Bonus-Seite zum Buch finden Sie zudem eine Vorlage für gute Anforderungen.

Take away

▶ Dokumentieren Sie alle Anforderungen, ausnahmslos und mit allen wichtigen Daten wie Datum, Anforderungssteller, Inhalt usw.

▶ Verlangen Sie eine Mindestqualität. Wer eine Anforderung ausarbeiten muss, überlegt es sich zweimal, ob er sie stellt. Abgesehen davon ist das ohnehin notwendig, soll die Anforderung später umgesetzt werden.

▶ Informieren Sie Ihren Auftraggeber in regelmäßigen Abständen über solche Anforderungen. Glauben Sie mir, das wird er vermutlich nicht wirklich wollen, aber Sie können ihm ja Ihr Exemplar dieses Buchs ausleihen. Das regelmäßige Informieren ist vor allem dann wichtig, wenn andere Personen ebenfalls Anforderungen stellen.

▶ Akzeptieren Sie bitte, dass jede Anforderung einen Sinn erfüllt, so tief dieser auch verborgen sein mag. Es geht nicht um Schikane, sondern um die höchst menschliche Eigenschaft, den Nutzen zu maximieren, solange die Gelegenheit dazu besteht.

▶ Bewerten Sie die Risiken, die mit einer Anforderung einhergehen, für sich selbst und für den Auftraggeber.

▶ Vermeiden Sie den leicht entstehenden Eindruck, Sie könnten Anforderungen ohne Auswirkungen umsetzen. Jedenfalls dann, wenn nicht eines Tages eine Flut von neuen Anforderungen über Sie hereinbrechen soll. Denken Sie daran: Jede Anforderung hat ihren Preis! Und diesen Preis sollten Sie bekannt geben.

▶ Seien Sie und bleiben Sie der Boss. Akzeptieren Sie es nicht, wenn Anforderungen an Ihnen vorbeigemogelt werden.

▶ Achten Sie auf den Trade-off.

Im Englischen gibt es den schönen Begriff *Trade-off*. Er steht für das, was man aufgibt, um etwas anderes erreichen zu können. Er beschreibt den Prozess des Abwägens, der notwendig ist, wenn Sie und Ihre Mitarbeiter nicht gerade den ganzen Tag Moorhühner abschießen, anstatt zu arbeiten. Das können zusätzliche Kosten sein, der Verzicht auf eine andere Funktionalität, ein neues, höheres Risiko, eine längere Projektlaufzeit oder eine Mischung daraus.

Im Kern des Anforderungsmanagements geht es darum, dem Auftraggeber diesen Prozess zu verdeutlichen und ihm diese Wahl zu überlassen, worauf er am ehesten verzichten möchte. Es ist genauso gut sein Projekt wie Ihres. Also, packen Sie ihn bei seiner Verantwortung, und machen Sie ihm die Konsequenzen seines Handelns deutlich. So, wie es ein anderer englischer Spruch verdeutlicht: »There is no such thing as a free lunch!«.

Aus der Praxis

Agilität gibt es natürlich auch in meiner Praxis und in der meiner Mitarbeiter. Besonders schön ist das wieder an Projekten mit unseren Tochtergesellschaften zu sehen.

Meist wird bis kurz vor Schluss noch erbittert darum geschachert, welche (vorher »vergessenen«) Anforderungen doch noch den Weg ins Release finden.

Wir sind da sehr restriktiv und akzeptieren als Zugeständnis meist einige kleinere (und offensichtlich notwendige) Anforderungen, sozusagen als »Opferanforderungen«.

Der große Rest wandert in das erste oder zweite Release nach der Ersteinführung, dann natürlich nach einer neuen Planung. Das funktioniert in den meisten Fällen sehr gut. Solange der Kunde weiß, wann er mit der Umsetzung rechnen kann, wird oft auch ein späterer Zeitpunkt, also nach dem Projektende, möglich.

2.5 Virtuelles Kaffeekränzchen – von der Kunst, überhaupt ein Ziel zu haben

Alles bisher Gesagte setzt voraus, dass Sie Ihr Ziel kennen. Weisheiten wie »Wer den Hafen nicht kennt, für den ist kein Wind der richtige« können nicht darüber hinwegtäuschen, dass dem oft genug nicht so ist.

Das gilt auch, wenn Ihr Hafen in etwa so beschrieben wird: »Irgendwo im Mittelmeer, zwischen Israel und Spanien«. Nun ja, jedenfalls brauchen Sie dann zumindest im Pazifik nicht danach zu suchen.

Aus der Praxis

Eine der kürzesten Zieldefinitionen, die ich je erhalten habe, hatte ganze elf Zeilen und beschrieb ein Projekt, das zum Ziel hatte, die gesamte Software für die finanzielle Unternehmensplanung und Unternehmenssteuerung zu spezifizieren.

Besonders tückisch ist, dass Auftragnehmer und Auftraggeber sehr wohl meinen, ein Ziel zu haben. Auftraggeber aber verweilen gerne im Nebulösen und möchten sich nicht zu früh festlegen; weil sie selbst das Ziel noch gar nicht klar vor Augen haben.

Zum Glück ist aber auch dagegen wieder ein Kraut gewachsen.

Take away

▶ Der Weg ist nicht das Ziel! Der Projekterfolg ist das Ziel.

▶ Beginnen Sie mit Ihrem Projekt erst, wenn Sie sich mit Ihrem Auftraggeber auf ein Ziel verständigt haben.

- ▶ Ist das nicht möglich, dann kann es auch ein Ziel sein, zunächst den Projektauftrag als solchen herauszuarbeiten. Diese Voruntersuchung kann in besonders komplexen Projekten selbst wiederum ein Projekt sein.

- ▶ Lassen Sie sich vom Auftraggeber das Ziel erklären. Sie merken dann schnell, ob dabei ein klar strukturiertes Wortgebilde herauskommt oder eine eher wolkige Beschreibung.

- ▶ Erklären Sie selbst dem Auftraggeber das gesteckte Ziel. Er sollte es dann zweifelsfrei wiedererkennen können.

- ▶ Eine gute Zielbeschreibung ist konkret genug, dass sich daraus die nächsten Schritte ableiten lassen, lässt Ihnen aber die Freiheit, den Weg dorthin selbst zu gestalten.

- ▶ Es ist normal, dass sich das Ziel während des Projekts noch verändert. Wenn Sie jedoch vorhatten, ein Auto zu entwickeln, und während des Projekts feststellen, dass ein Heißluftballon gewünscht wird, dann ist es Zeit, das Ziel neu zu vereinbaren und das Projekt nach dem aktuellen Stand auszurichten.

Das Ziel ist der erste Schritt hin zum Projekterfolg. Auf dem Weg dorthin gibt es aber gelegentlich untiefe Stellen, an denen Ihr Schiff auf Grund zu laufen droht. Der nun folgende Abschnitt erklärt Ihnen, wie es dazu kommen kann und was Sie dagegen tun können.

2.6 Zu viel Tücke in zu wenig Detail

Sie kennen bestimmt diese Diagramme, die in vielen Büros hängen und die in etwa so aussehen, wie in Abbildung 2.1 gezeigt.

In jedem Projekt gibt es einen oder mehrere »Wunder«-Bereiche, die reich an Tücke, aber arm an Details sind. Gründe dafür können sein:

- ▶ Der Lösungsweg ist noch völlig unklar.

- ▶ Es besteht keine Erfahrung damit, weil eine solche Anforderung zum ersten Mal auftritt.

- ▶ Es ist noch gar nicht klar, was eigentlich die genauen Anforderungen sind.

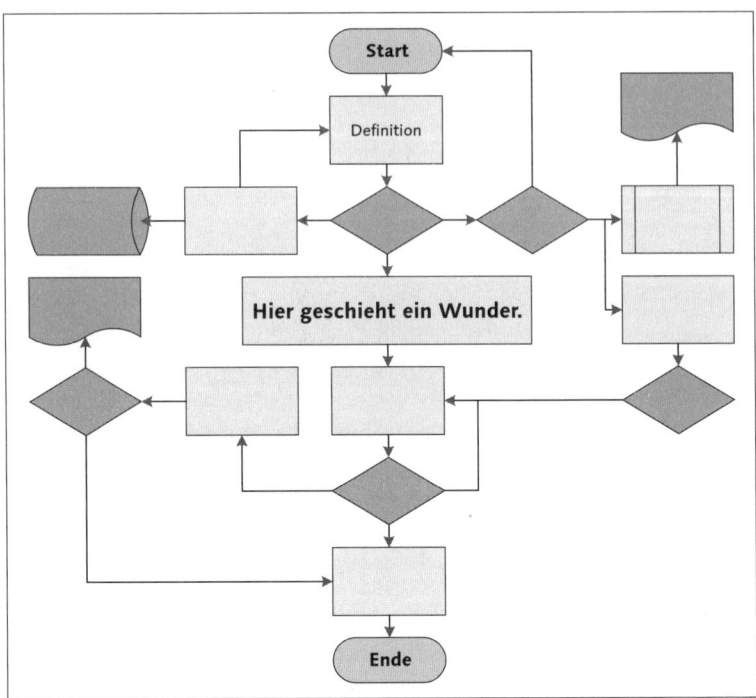

Abbildung 2.1 Hier geschieht ein Wunder.

Manchmal ist noch nicht einmal sicher, dass die Anforderungen überhaupt realisierbar sind, wie Ihnen jeder Star-Architekt versichern kann.

Unsicherheit gehört zum Geschäft, und Projektmanagement ist nichts für Feiglinge. Vollständige Sicherheit gibt es erst zum Schluss. Die entscheidenden Fragen lauten:

▶ An welchen Stellen im Projekt gibt es sie, diese seichten Stellen?

▶ Wie groß ist jeweils das Risiko für das Projekt?

▶ Wissen beide, Projektleiter *und* Auftraggeber, von diesen Stellen?

▶ Zu welchem Zeitpunkt muss Klarheit über Detailtiefe und Realisierbarkeit bestehen?

In der Seefahrt sind Untiefen manchmal mit Leuchtfeuern und anderen Markierungen versehen, in Projekten gibt es ebenfalls einige Anzeichen, die darauf hindeuten.

Echolot

▶ Die Diskussion darüber wird gerne und immer wieder verschoben. Es fallen Sätze wie »Darüber müssen wir (später) noch genauer sprechen.«

▶ Die Anforderungen sind nicht klar, und manchmal ist es auch unklar, wie man überhaupt zu diesen Anforderungen gelangen kann.

▶ Die Machbarkeit ist nicht garantiert, zum Beispiel weil es noch keine Erfahrungen gibt oder die Grenzen des bisher Machbaren verschoben werden sollen.

▶ Es sollen Werkzeuge und Tools eingesetzt werden, zu denen es noch keine Erfahrungswerte gibt oder die selbst noch nicht ausgereift sind.

▶ Es gilt das Motto für Rechtsanwälte: zwei Personen, drei Meinungen.

Meiner Erfahrung nach gibt es in jedem Projekt Bereiche, die zu Beginn noch nicht ausreichend genau abgeschätzt werden können. Viele Projektmanager vertrauen dann darauf, dass sie diese Untiefen rechtzeitig erkennen und umschiffen können. Daran ist grundsätzlich nichts auszusetzen, denn Projektmanager sollten Optimisten sein und keine miesepetrigen Schwarzmaler.

Es hängt allerdings auch hier, wie so oft, vom Kontext ab: Wenn Sie Vertragsstrafen akzeptieren oder der Projekterfolg für weitere, nachgelagerte Projekte von entscheidender Bedeutung ist, dann werden Sie anders damit umgehen müssen.

Mit Unsicherheiten im Projekt umgehen

▶ Bestimmen Sie untiefe Stellen in Ihren Projekten, Ignorieren ist die schlechteste aller Optionen.

▶ Legen Sie danach fest, ob Sie bereits zu Projektbeginn Klarheit benötigen oder später; in letzterem Falle sollten Sie allerdings bereits jetzt den Zeitpunkt dafür bestimmen.

▶ Schätzen Sie das Risiko ein, und planen Sie daraufhin etwaige Puffer ein (Zeit und Budget).

▶ Bei besonders kritischen Stellen kann ein *Proof of Concept* notwendig werden, also eine Phase, in der Sie die Realisierbarkeit untersuchen und die Sache näher detaillieren.

▶ Beziehen Sie immer Ihren Auftraggeber mit ein, das Projekt ist im gleichen Maße seines wie Ihres.

▶ Differenzieren Sie zwischen berechtigtem und blindem Optimismus.

▶ Wenn möglich: Legen Sie sich einen Plan B zurecht, falls Plan A nicht realisierbar ist.

▶ Nehmen Sie sich Hannibal zum Vorbild, der stets meinte: »Ich liebe es, wenn ein Plan funktioniert.«

2.7 Mit dem Autopiloten nach Turkmenistan?

Ja, gewiss doch: Ich liebe moderne Navigationssysteme. Schon deshalb, weil mir die Orientierungsfähigkeit eines betrunkenen Maulwurfs im Wasser beschieden ist. Daher besitze ich immer das neueste Modell und komme seitdem pünktlicher an.

Nur dumm, dass Navigationssysteme vier Nachteile haben:

▶ Sie nötigen mir Entscheidungen auf. Lucy (ich gebe meinen Systemen immer Namen) sagt mir nicht »Bitte wenden«, sondern »Wenn möglich, bitte wenden«. Vermutlich hat sich das ein spitzfindiger Jurist ausgedacht.

▶ Der gefundene Weg muss noch lange nicht der beste Weg sein und ist es oft auch nicht.

▶ Das System und die Karten haben Fehler. Bestimmt fährt gerade in diesem Moment ein bemitleidenswerter Autofahrer dauernd im Kreis, weil ein unausgeschlafener Entwickler einen Fehler in den Routing-Algorithmus eingebaut hat.

▶ Die Systeme erkennen keine Hindernisse auf dem Weg, zum Beispiel eine Wegsperrung oder einen Lkw, der liegen geblieben ist.

Das lässt sich 1:1 auch auf Projekte übertragen. Oder anders gesagt: Wer Projekte immerzu laufen lässt, wird sie früher oder später gegen die Wand fahren. Diese Aussage hat die Qualität eines Naturgesetzes.

Projekte erfordern also immer Korrekturen. Natürlich, seltener Kehrtwendungen, häufiger dagegen Abbiegungen: Ressourcen müssen anders zugeteilt werden, Arbeitsschritte vorgezogen oder verschoben werden, und gelegentlich muss auch ganz neu geplant werden.

Manche Manager tun sich damit schwer, denn für sie ist eine gründliche Planung Garant für das Gelingen jedes Erfolgs. Sie vergleichen dann ein Projekt gerne mit einem Linienflug und glauben, dass ein hundertseitiger Projektplan besser sei als ein zehnseitiger. Dagegen lässt sich wenig machen, auch wenn ein wenig stoische Gelassenheit dabei hilft; wichtig hingegen ist, die notwendigen Kurskorrekturen rechtzeitig zu erkennen, einzuleiten und das Ergebnis dann auch zu kontrollieren.

Bevor ich Ihnen wieder konkrete Empfehlungen gebe, möchte ich Sie noch auf eine Falle hinweisen, in die Sie leicht geraten können, nämlich in die »Aller Anfang ist leicht«-Falle.

Gemeint ist, dass Projekte am Anfang in aller Regel problemlos laufen, ganz besonders häufig in IT-Projekten. Das hat natürlich seine Gründe:

▸ Am Anfang stehen häufig Aufgaben, bei denen die Qualität »variabel« ist. Ein Lastenheft ist meistens dann fertig, wenn es fertig sein soll – es wird im Zweifel einfach als fertig deklariert.

▸ Die meisten Gefahren begegnen einem erst bei der Umsetzung.

▸ Gerade am Anfang ist die Motivation hoch, alle Beteiligten sind voller Tatendrang.

▸ Es ist zu Projektbeginn in der Regel noch genügend Zeit vorhanden, und auftretende Verzögerungen lassen sich scheinbar einfach auffangen.

Das kann nun dazu führen, dass gerade zu Beginn eines Projekts der Autopilot aktiviert wird, sozusagen während der Schönwetterperiode, während die dunklen Wolken noch in weiter Ferne zu sein scheinen.

Was aber kann man hier besser machen?

Take away

▶ Akzeptieren Sie Abweichungen vom Plan als unverzichtbaren Teil des Projektmanagements, und definieren Sie sie nicht als Planungsfehler oder gar persönliches Versagen.

▶ Handeln Sie umgehend und umfassend.

▶ Informieren Sie alle Projektbeteiligten über die Planänderungen (ebenfalls zeitnah und umfassend).

▶ Ich habe es mir zur Gewohnheit gemacht, einmal in der Woche eine Positionsbestimmung vorzunehmen: Sind alle Ergebnisse eingetroffen, und zwar so wie erwartet? Gibt es unerwartete Schwierigkeiten oder neue Erkenntnisse, die ein Umdenken erforderlich machen?

▶ Vermeiden Sie auch das andere Extrem: die allzu häufige Anpassung des Projektplans.

▶ Der Autopilot ist nicht halb so spannend, wie selbst das Steuer in die Hand zu nehmen.

▶ Als Projektleiter sind Sie für den Kurs verantwortlich; treffen Sie Ihre Entscheidungen selbst, hören Sie dabei aber auf Ihre Projektmitglieder.

▶ Sorgen Sie unbedingt für eine würdige Vertretung, sollten Sie einmal nicht persönlich am Steuer sein.

▶ Dokumentieren Sie alle Kursänderungen.

2.8   Von der wundersamen Ressourcenvermehrung und anderen Wundern

Das Schlaraffenland ist ein Ort, an dem freie Mitarbeiterkapazitäten auf den Bäumen wachsen, die man nur zu pflücken braucht, wenn sie nicht bereits reif auf dem Boden herumliegen, und ein Goldesel produziert das Budget schneller, als man es ausgeben kann – wenn man ihn nur mit ein wenig Heu und Stroh füttert. Eine schöne Vorstellung …

Aber wie heißt es im Gedicht von Heinrich Hoffmann von Fallersleben: *Aus is, gar is, schad', dass net wahr is!* Ähnlich, nur ein wenig lebensnäher, umschreiben es die folgenden Worte:

Aus der Praxis

In der IT habe ich häufig mit Unternehmen und Mitarbeitern zu tun, deren eigentliche Aufgaben ganz und gar IT-fremd sind; also mit Buchhaltern, Mitarbeitern im Kundenservice, Produktmanagern sowie Geschäftsführern.

Gerade in Tochtergesellschaften sind die Bedingungen weniger idealtypisch als im Schlaraffenland: Mitarbeiter sind oft neu, arbeiten bereits an anderen Projekten mit, und ihre wichtigste Aufgabe ist es natürlich, Umsatz zu erwirtschaften; neue Projekte stehen daher in Konkurrenz zum Tagesgeschäft und zu den vielfältigen anderen Aufgaben.

Zurzeit stehe ich gerade in Ungarn und Russland am Anfang eines Projekts. Ich fahre dort selbst hin; weniger aus fachlichen Gründen, sondern vielmehr um die Geschäftsführer von Anfang an für das Projekt zu gewinnen und um gemeinsam die nächsten Schritte und den Projektrahmen abzustecken. Wenn ich schon kein Schlaraffenland haben kann, dann möchte ich mir wenigstens eine Schlaraffeninsel bauen.

Für einen Projektmanager ist es ganz natürlich, dass sein Projekt im Vordergrund steht, und selbstverständlich ist dies für ihn kein Grund zur Besorgnis, sofern daraus nicht der Anspruch erwächst, das möge auch auf alle anderen Projektbeteiligten zutreffen.

Aber es gibt noch weitere fabelhafte Annahmen, die man über Projekte treffen kann:

▶ Die Frage des Budgets kann man auch noch später klären, da findet man dann schon eine Lösung.

▶ Fehlendes Know-how lässt sich schnell aufholen, ein Kurs hier, ein Fachbuch dort, und schon entspricht die Qualität den Erwartungen; die Mitarbeiter brennen nur darauf, sich in neue Themengebiete einzuarbeiten.

▶ Sehen Sie auch in Abschnitt 2.6, »Zu viel Tücke in zu wenig Detail«, nach, in dem sich Wunder auf ebenso wundersame Weise auflösen.

Wenn man das so liest, dann ist es vermutlich augenfällig: Das kann und wird nicht funktionieren. Und doch wird häufig so verfahren. Die Gründe dafür sind vielfältig:

▶ Manchmal möchte man Konflikten aus dem Weg gehen. Da das nicht geht, verschiebt man sie eben auf einen späteren Zeitpunkt. Darunter fällt auch häufig die Frage nach dem Budget.

▶ Der Auftraggeber möchte die Trümpfe in der Hand behalten. Das kann auf fehlendem Vertrauen gründen, aber auch darauf, dass der Projektmanager sein Projekt unzureichend verkauft hat.

▶ Auch das Henne-Ei-Problem kann ungerechtfertigten Optimismus nähren: Ein Auftraggeber möchte erst etwas sehen, bevor er seine Mitarbeiter für ein Projekt einsetzt; andererseits werden diese ja gerade dazu benötigt, um einen Fortschritt zu erzielen.

▶ Der Projektmanager schließt von sich auf andere – ein besonders häufiges Phänomen.

▶ Projektmitglieder haben Angst, sich festzulegen, weil sie unsicher sind oder fürchten, dass man sie für ihre Aussagen zur Verantwortung zieht.

Um das Thema an dieser Stelle nicht allzu sehr auszudehnen, hier einige Basisempfehlungen zum Thema Kapazitäten und Budget:

Take away

▶ Die wundersame Ressourcenvermehrung gibt es nur im Märchen!

▶ Häufiger ist die unerklärliche Ressourcenverminderung, meist mitten im Projekt.

▶ Als Projektmanager sind Sie in der Verantwortung. Sie benötigen einen Handlungsspielraum, den Sie vorher verhandeln müssen.

▶ Kompetenz und Verantwortung gehören stets zusammen; man kann nicht für Misserfolge zur Verantwortung gezogen werden, ohne vorher die Kompetenz für eigene Entscheidungen gehabt zu haben.

▶ Werben Sie für Ihr Projekt! Besonders am Anfang, aber auch währenddessen, wenn die Motivation abzunehmen droht.

▶ Machen Sie sich ein Bild über die anderen Projekte und Aufgaben, die mit Ihrem Projekt konkurrieren.

▶ Wenn Kapazitäten und Budget nicht so bereitstehen wie geplant, ist es Ihre Aufgabe, die Folgen deutlich zu machen.

▶ Seien Sie realistisch: Blankoschecks gibt es ebenfalls nur im Märchen.

2.9 Karma oder freier Wille

Vielleicht haben Sie folgende Situation schon einmal erlebt?

Beispiel

Sie sollen eine neue Software einführen. Budget steht keines zur Verfügung, aber ein paar Euro wird der Chef schon lockermachen (er ist ja ein Realist). Das Projekt muss in drei Monaten abgeschlossen sein, weil dann der Wartungsvertrag der bestehenden Anwendung ausläuft. Natürlich wird auch eine Datenmigration benötigt. Als Anbieter kommt A oder B infrage, der Chef war schon so nett, da mal vorzuverhandeln (wie liebenswert von ihm). Ein paar Anforderungen gibt es da auch noch, die er Ihnen schon mal aufgeschrieben hat (ja, Ihr Chef ist wirklich nicht zu toppen). Der Müller steht grad nicht zur Verfügung (er bereitet nämlich den Jahresabschluss vor), aber der Meier ist doch neu im Unternehmen und steht Ihnen zur freien Verfügung (Yeah!). Und *Sie* wurden als Projektleiter auserkoren (heute ist wirklich Ihr Glückstag!)!

Dieses gar nicht so seltene Szenario fällt unter die Kategorie Karma. Die Rahmenbedingungen stehen vollständig fest, und Ihre Leitungsfunktion besteht nur darin, Ihr Karma zu erfüllen, das Projekt also unter diesen gegebenen Bedingungen zum Erfolg zu führen. Zu gewinnen gibt es dabei wenig, außer vielleicht ein freundschaftlich gemeintes Schulterklopfen. Das Ziel Ihres Chefs ist es zunächst, Ihr Commitment zu bekommen, also Ihre Zusage, dass Sie das schaffen werden.

Davon zu unterscheiden ist die echte Projektleitung, in der der Auftraggeber nur die Rahmenbedingungen schafft, die vom Projektleiter erfüllt werden sollen. Hier sind Sie Gestalter, kein Erfüllungsgehilfe. Aber natürlich tragen Sie in diesem Szenario auch mehr Verantwortung.

Dazwischen gibt es das weite Feld, in dem einzelne Parameter des Projekts vorgegeben sind. Das kann das Fertigstellungsdatum sein, das vorhandene Budget, die zur Verfügung stehenden Kapazitäten oder jede andere Bedingung, die für die Erreichung des Ziels relevant ist.

Daraus erwachsen wiederum einige Vorschläge, die ich Ihnen im Folgenden aufzeigen möchte.

Take away

▶ Für jede Rahmenbedingung sollten Sie unbedingt wissen, wie frei Sie in Ihrer Entscheidung sein. Möglich sind:

- – völlige Freiheit
- – frei (innerhalb eines gewissen Zielkorridors)
- – vorherbestimmt, aber (nach)verhandelbar
- – vollkommen vorherbestimmt
- – unklare Entscheidungskompetenz

▶ Treffen Sie eine bewusste Entscheidung darüber, ob Sie die Rahmenbedingungen erfüllen können und wollen.

▶ Arbeiten Sie nicht nach Gefühl. Oft sind Vorgaben selbst wiederum nur Schätzungen, die Sie nicht einfach zu Ihren eigenen Schätzungen machen sollten, ohne sie vorher gründlich zu hinterfragen.

▶ Seien Sie ruhig hartnäckig. Die Praxis zeigt: Die meisten Vorgaben sind verhandelbar, die richtigen Argumente und ein wenig Geduld vorausgesetzt.

▶ Wenn Sie sich unsicher sind, zum Beispiel in Bezug auf den Fertigstellungstermin, dann vereinbaren Sie doch einen Review-Termin mit Ihrem Auftraggeber, zum Beispiel nach Abschluss der Lastenheftphase.

Wenn nun aber einzelne Bedingungen fix sind, bedeutet dies, dass Sie in anderen flexibel sein müssen. Oder etwas anders ausgedrückt: Wenn der amerikanische Präsident ankündigt, am 4. Juli 2019 auf dem Mars landen zu wollen (selbstredend noch vor den Russen), wird der Aufwand für die Innenraumgestaltung des Transporters eine verhandelbare Größe sein.

Viele Steine,
müde Beine,
Aussicht keine,
Heinrich Heine

3 Wie am Schnürchen – wie Projekte ablaufen (sollten)

»So ein Unsinn! Wozu soll ich etwas planen, wenn mich das Leben morgen schon wieder überholen wird?« Aussagen wie diese hört man relativ häufig. Da hat man mit viel Mühe einen Plan gezimmert, nur um dann sehen zu müssen, wie er langsam dahinbröselt oder gar in lautem Getöse zerbirst.

Und IT-Projekte, gehen die nicht sowieso immer schief? Gibt es überhaupt ein IT-Projekt, das jemals im Plan war? Oder gilt, wie mir einmal offenbart wurde, folgende Aussage: »Ohne IT-Projektmanagement scheitern viele IT-Projekte, mit allerdings auch«?

Bevor dieses Buch als Unterleger für wackelige Tischbeine endet (das würde mich arg treffen), lesen Sie doch bitte erst einmal weiter, und lassen Sie mich Ihnen den Sinn und Zweck von Projektplanung und Projektmanagement näherbringen.

3.1 Der Sinn von Projektplanung – oder: Wie vorhersagbar sind Projekte?

Es ist schon wahr. In der Wirtschaft grassiert immer noch die schlechte Angewohnheit der Planungsgläubigkeit. Der Glaube, man könne ein Projekt bis zum Ende gedanklich vorwegnehmen, ist allerdings ebenso falsch wie der Glaube, ohne Projektplanung ginge es ebenso gut. Was aber ist nun eigentlich Sinn und Zweck von Projektplanung und Projektmanagement?

Die Top-7-Gründe für Projektmanagement

▶ Ohne Projektmanagement scheitern weit mehr Projekte als mit. (Wirklich!)

▶ Projektmanagement macht Komplexität beherrschbar – durch das Herunterbrechen komplexer Vorgänge und durch die Transparenz, die ein Projektplan mit sich bringt.

▶ Ein Projektplan ist ein Führungsinstrument, Projektmanagement ist gelebte Führung. Ohne Projektmanagement ist eine längerfristige, koordinierte und zielgerichtete Zusammenarbeit kaum denkbar.

▶ Ohne Projektmanagement und ohne Projektplanung wird es kaum jemanden geben, der Zeit und Geld in eine Sache investiert.

▶ Ohne Projektplanung wissen Sie nicht, ob Sie auf Kurs sind oder ob Sie es jemals waren.

▶ Gutes Projektmanagement besteht aus Best Practices, also aus dem Erfahrungswissen unzähliger Projektleiter vor Ihnen.

▶ Wenn verschiedenste Fach- und Führungskräfte interdisziplinär an einer Sache arbeiten sollen, werden Spielregeln benötigt, die das Projektmanagement festlegt.

Ich könnte noch mehr Gründe nennen, der Seitenzahl des Buches wegen hoffe ich aber, dass diese Liste genügt.

Die negative Einstellung vieler Menschen gegenüber dem Projektmanagement hat ihre Ursache oft in einem völlig falschen Verständnis davon – und in einigen prominenten Projektdesastern, die in den Medien weidlich zelebriert wurden. Sie glauben an das alte »Wasserfallmodell«, wie es Abbildung 3.1 darstellt.

Dieses Modell ist nicht totzukriegen, auch 40 Jahre nach dessen Einführung nicht. Dabei hatte doch schon sein ursprünglicher Schöpfer Winston Royce vor dessen Einsatz gewarnt und es als fehlerträchtig und risikobehaftet beschrieben.

Der Reiz liegt in den Phasen, die klar voneinander getrennt sind. Wenn geplant wird, wird geplant, und später könne man sich für alle Zeit auf diese Planung verlassen. Dabei wissen wir doch alle, dass wir häufig nicht einmal den Familienausflug für nächsten Samstag verlässlich planen können. Wie soll dann eine Planung über Monate oder gar Jahre möglich sein? Aber gilt nicht auch: Wie wahrscheinlich ist ein größerer Familienausflug, wenn Sie ihn nicht rechtzeitig planen?

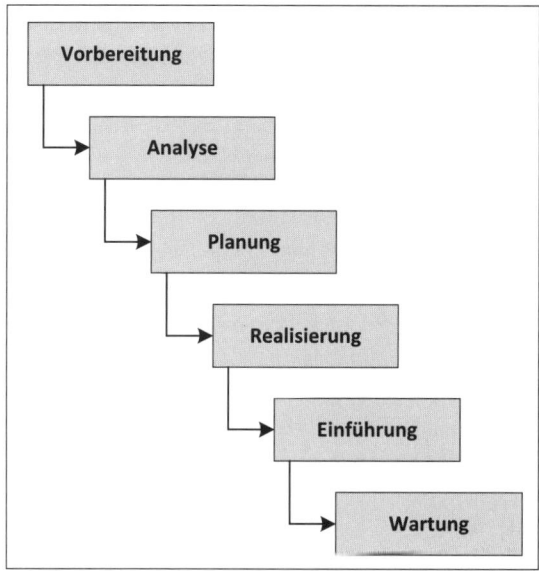

Abbildung 3.1 Wasserfallmodell

Dann gibt es natürlich noch die andere Fraktion, die »Agilen«. Auch hier sind viele Missverständnisse am Werk. Und so hört man schon einmal: »Mit agilen Methoden müssen wir uns nicht mehr festlegen, sondern sind zu jeder Zeit flexibel. Die Planung entsteht gewissermaßen beim Gehen.« Agilität bedeutet nicht das Fehlen jeder Planung, sondern akzeptiert, dass nicht der gesamte Weg im Voraus bekannt ist und dass im Laufe des Projekts Wissen und Planungssicherheit zunehmen. Und, zudem, dass die Wünsche und Bedürfnisse sich während des Projekts ändern können (und vermutlich auch werden). Agilität braucht einen Rahmen, innerhalb dessen sie einen Sinn ergibt.

Denn jede Planung hat zwei Ebenen:

▸ den *Planungshorizont* (also bis in welche Zukunft geplant wird)
▸ die *Planungstiefe* (also wie detailliert die Planung ist)

Ein Projekt kann durchaus bis zum Ende durchgeplant werden; je weiter wir dabei in die Zukunft gelangen, desto gröber muss die Planung aber zwangsläufig sein. Planung ist also ein fortlaufender Prozess – sie wird stetig verfeinert, den neuen Gegebenheiten angepasst und so mit der Zeit immer besser. Am besten ist sie freilich, wenn das Projekt abgeschlossen ist, aber diese Qualität ist gar nicht notwendig, um von Nutzen zu sein. Manchmal erweist sich der eingeschlagene Weg als falsch – dann ändern wir ihn; die meiste Zeit über wird die Planung aber von hohem praktischem Nutzen sein: als Führungsinstrument für Sie, als Handlungsrahmen für Ihr Projektteam, als Diskussionsgrundlage für Verhandlungen mit dem Auftraggeber, als Gedankenstütze für alle und, besonders zum Ende hin, auch als Dokumentation.

Das leistet die Planung, und dort liegen auch ihre Grenzen. Ein Plan ist ein Werkzeug, nichts weiter. Und Projektmanagement die Kunst, mit diesem Werkzeug (und vielen anderen Werkzeugen) etwas zu schaffen – im Team und unter Einhaltung (relativ) starrer Rahmenbedingungen. Und das, während sich die Welt während des Projekts beständig weiterdreht.

3.2 Auf Los geht's los

Vielleicht erinnern Sie sich noch an die gleichnamige Fernsehshow in den 70er- und 80er-Jahren? Niemand wäre dort auf die Idee gekommen, den Zuschauer über den Startzeitpunkt eines Spiels im Unklaren zu lassen. Erstaunlicherweise geschieht das bei Projekten recht häufig, sodass viele Projekte loslegen, ohne vom Fleck zu kommen, weil niemand weiß, dass sie bereits begonnen haben.

Auf die Frage: »Hat das Projekt schon begonnen?« ist die einzig mögliche Antwort: »Ja, der Startzeitpunkt war das Kickoff-Meeting am letzten Mittwoch. Dort wurde der Projektauftrag besprochen. Das haben wir dort doch entschieden!« (Natürlich, Donnerstag ist auch möglich …)

Die Literatur kennt verschiedene solcher Anfangsszenarien. Ich bin da recht pragmatisch und definiere den Projektstart wie folgt:

Ein Projekt beginnt, wenn der Auftraggeber einen Projektauftrag erteilt hat.

Ein solcher Projektauftrag *muss* schriftlich erfolgen. Wie es zum Projektauftrag kommt, ist unwesentlich. Größere Unternehmen praktizieren häufig einen eigenen Prozess, der mit dem Projektantrag (eine Vorlage finden Sie auf der Bonus-Seite) beginnt, mit der Projektgenehmigung fortfährt und mit dem Projektauftrag endet. Genauso wahrscheinlich ist es aber, dass Projekte spontan gestartet werden, zum Beispiel im Rahmen einer Geschäftsführungssitzung.

3.2.1 Der Projektauftrag

Wie auch immer ein Projektauftrag zustande kommt – die folgenden Angaben sind wirklich notwendig. Es gibt in der Praxis Fälle, in denen der Projektauftrag nicht in der nötigen Qualität gefordert werden kann – dann sollten Sie selbst einen solchen erstellen und vom Entscheider, dem Auftraggeber, unterzeichnen lassen. Besser ein guter Projektauftrag von Ihnen als ein schlechter (oder gar keiner!) vom Auftraggeber. Auch für den Projektauftrag finden Sie im Web eine Vorlage auf der Bonus-Seite zum Buch.

Inhalte eines Projektauftrags

▶ *Projektbezeichnung:* Damit ist eine griffige Bezeichnung für das Projekt, zum Beispiel »Ablösung des bestehenden Vertriebsinformationssystems Apollo«, gemeint.

▶ *Auftraggeber:* Das ist der Name desjenigen, der für das Projekt verantwortlich zeichnet.

▶ *Datum:* Hierbei handelt es sich um das Startdatum (s. o.).

▶ *Ziele:* Was sind die Ziele des Projekts? Diese Angabe ist besonders wichtig, denn die gesamte Projektplanung ist darauf auszurichten. Beispiel: »Steigerung der Effizienz im Vertrieb durch Einführung eines neuen VIS, das Schnittstellen zu unserem ERP- und CRM-System aufweist. Die Vertriebsmitarbeiter sollen wenigstens 20 % mehr Besuchstermine vereinbaren und neue Erlöspotenziale erschließen«. Bei größeren Projekten können auch Teilziele formuliert werden, zum Beispiel die Erstellung eines Pflichtenheftes.

▶ *Nicht-Ziele:* Diese Angabe erscheint zunächst einmal unnötig. Ist denn nicht alles, was nicht als Ziel formuliert wurde, automatisch ein »Nicht-Ziel«? Ja, so sollte es sein. Aber häufig gibt es Bereiche, die man explizit ausnehmen möchte.

Beispiel: »Das Vertriebs-Data-Warehouse soll unverändert beibehalten werden«. Das explizit zu erwähnen bringt Klarheit und setzt Grenzen.

▸ *Begründung:* Warum ist das Projekt notwendig? Hier sollten Hintergrundinformationen stehen. In unserem Beispiel könnten das die Schwachstellen der bestehenden Anwendung sein. Die Begründung macht Ihnen die Denkweise des Auftraggebers deutlich.

▸ *Gewünschtes Projektende:* Hierbei handelt es sich um ein festes Datum, zu dem der Auftraggeber sich das Ende des Projekts wünscht. Das ist keine verbindliche Planung, sondern ein Wunschtermin. Es ist immer gut, wenn Erwartungen möglichst spezifisch formuliert werden. Nur so können Sie als Projektleiter darauf reagieren, zum Beispiel durch eine dementsprechende Planung oder, auch das kommt relativ häufig vor, indem Sie die Erwartungen noch einmal nachverhandeln.

▸ *Budget bzw. Kostenschätzung:* Nicht immer werden Sie bereits zum jetzigen Zeitpunkt ein Budget erhalten. Die meisten Auftraggeber legen sich nicht so früh fest. Sie wollen erst einmal etwas sehen, bevor sie eine Entscheidung darüber treffen. Dann akzeptieren Sie bitte auch eine grobe Schätzung der Kosten. Es geht hier darum, ob Ihre Vorstellungen und die Ihres Auftraggebers überhaupt deckungsgleich sind.

▸ *Projektleiter:* Dies ist der Name des Projektleiters, also Ihr Name.

▸ *Kontrollinstanz:* Wer wird das Projekt kontrollieren, an wen berichten Sie? Das kann der Auftraggeber sein, eine von ihm ernannte Person oder ein Lenkungsausschuss.

▸ *Kriterien für das Projektende:* Ist das Projekt denn nicht zu Ende, wenn die Projektziele erreicht sind? Doch, aber die Ziele sind dafür meist nicht konkret genug. Näheres lesen Sie bitte in Abschnitt 3.3, »Der Nebelkerzenradierer – die Projektplanung«. Beispiel: »Das Ziel ist erreicht, wenn alle Vertriebsmitarbeiter mit dem neuen System produktiv arbeiten und das alte System ‚Apollo' nur noch für den Lesebetrieb zur Verfügung steht.«

Hüten Sie sich allerdings davor, den Projektauftrag zu übertreiben. Was habe ich nicht schon alles darin gelesen? Projektrisiken, Ressourcen, bewilligte Personalkosten, Projektphasen, Wirtschaftlichkeitsberechnungen usw. Wenn das alles schon vorher bekannt ist: prima! Aber lassen wir die Kirche im Dorf. Der Projektauftrag steht am Anfang. Wer noch vor der

Projektplanung die Projektphasen benennen kann, der ist entweder ein Genie, ein Prophet oder ein Scharlatan. Es ist nicht das Ziel des Projektauftrags, die Planung vorwegzunehmen, sondern die Planung darauf zu begründen.

Manchmal gibt es noch einige Formalien, die sich von Unternehmen zu Unternehmen unterscheiden – zum Beispiel Projektnummern, die dann als Kostenstellen eingerichtet werden, oder die Zuordnung zu einem strategischen Unternehmensziel. Diese sollten Sie natürlich berücksichtigen.

3.2.2 Die Entscheidung

Der Auftraggeber plant also ein Projekt. Damit ist es aber noch nicht genehmigt. Vielleicht benötigt er zuvor noch die Zustimmung der Geschäftsführung. In jedem Fall aber benötigt er *Ihre* Zustimmung, bevor er sie als Projektleiter festsetzen kann.

Viele, wirklich sehr viele Projekte scheitern deshalb, weil sich Projektleiter auf Projekte einlassen, die sie nicht überblicken können; oft deshalb, weil sie sich nicht die nötige Zeit nehmen, den Projektauftrag zu verstehen und zu durchdenken. Oder sie lassen sich zu einem Projekt drängen, das im besten Fall als Himmelfahrtskommando bezeichnet werden kann.

Es ist ganz natürlich, dass ein Auftraggeber sportliche Ziele festlegt. Auch solche Ziele, die vielleicht unrealistisch sind. Woher soll er denn auch wissen, was »realistisch« ist? Dazu benötigt er Sie! Seine Erwartungen sind nicht in Stein gemeißelt, sie sind vielmehr seine Verhandlungsposition.

Wie aber setzen Sie Ihre Interessen durch?

Tipps zur Verhandlung mit Ihrem Auftraggeber

▶ Sagen Sie niemals einfach nur »Das geht nicht!«. Bieten Sie eine Lösung an, oder, wenn Sie noch keine haben, einen Vorschlag, wie Sie dorthin kommen können. Beispiel: »Unsere Erfahrungen aus dem letzten CRM-Projekt haben gezeigt, dass wir mit so wenig Geld und Zeit nicht auskommen werden. Ich schlage also vor, dass wir gemeinsam mit dem Projektleiter des CRM-Projekts sprechen. Er kann uns helfen, zu einer Lösung zu kommen, die sportlich *und* realistisch ist.«

▶ Bereiten Sie sich unbedingt gründlich vor. Überlegen Sie jetzt schon im Vorfeld, aus welchen groben Phasen das Projekt bestehen könnte. Lassen Sie den Auftraggeber erkennen, was er selbst alles übersehen hat, ohne ihn mit der Nase darauf zu stoßen.

▶ Wenn möglich: Sprechen Sie mit anderen Projektleitern, die vielleicht schon über Erfahrungen in ähnlichen Projekten verfügen.

▶ Manchmal ist es einfach nicht möglich, ein Projekt sinnvoll einzuschätzen, einfach weil es zu neuartig und/oder zu komplex ist. Das ist Teil der Projektrealität und damit völlig in Ordnung! Vereinbaren Sie in diesem Fall eine Voruntersuchung, oder stellen Sie die Erstellung des Lastenheftes der Umsetzung voran. Machen Sie klar, dass dies ohnehin notwendig ist und dass Sie sich erst dann festlegen können, wenn Sie mehr Informationen haben.

Im Grunde genommen sind die Würfel jetzt bereits gefallen. Der nächste Schritt ist damit aber nicht weniger wichtig.

3.2.3 Die Kickoff-Veranstaltung

Ein häufiges Bild in Unternehmen: Das Projektteam wird vor vollendete Tatsachen gestellt, ohne dass man ihm Gelegenheit gegeben hätte, Stellung zu beziehen. Das ist eine Situation, die eine Abwehrhaltung geradezu herausfordert. Und eine solche destruktive Einstellung können wir in Projekten am allerwenigsten gebrauchen!

Die Ziele des Kickoff-Meetings sind:

▶ Das Team soll verstehen, worum es bei dem Projekt geht, warum es notwendig ist und was im Einzelnen auf das Team zukommt. Das ist das *Informationsziel*.

▶ Im Kickoff-Meeting wird das Projekt formal gestartet, unter Beteiligung des Projektteams. Das ist das *formale Ziel*.

▶ Die Teammitglieder lernen sich untereinander kennen, gerade in größeren Unternehmen ist das besonders wichtig. Das ist das *soziale Ziel*.

▶ Die Teammitglieder sollen auf das Projekt eingestimmt werden, es mittragen oder, als Minimalanforderung, keine Ablehnung dagegen entwickeln. Das ist das *wichtigste Ziel*.

Und so geht's:

Steckbrief Kickoff-Meeting

Wer nimmt teil?

▶ Da ist zuallererst einmal der Projektleiter, also Sie.

▶ Dann natürlich das Projektteam. In größeren Projekten muss das Kick-off-Meeting vielleicht geteilt werden. In jedem Fall aber sollten alle Teammitglieder daran teilnehmen.

▶ Und dann noch der Auftraggeber, sofern Sie das für sinnvoll erachten. Der Vorteil: Die Veranstaltung erhält dadurch eine verbindliche Note. Er signalisiert seine volle Unterstützung und die große Bedeutung des Projekts. Der Nachteil: Die Diskussionen bleiben unter Umständen aus, und der Auftraggeber übernimmt eventuell schnell die informelle Führung der Veranstaltung.

Wie wird die Besprechung vorbereitet?

▶ Sie laden rechtzeitig ein. Denken Sie bitte daran, dass die Besprechung umso früher anberaumt werden muss, je mehr Teilnehmer erwartet werden – schon allein deshalb, um einen freien Termin zu finden.

▶ Setzen Sie die Besprechung auf eine Länge zwischen ein und zwei Stunden an, je nach Teilnehmerzahl und je nachdem, wie kontrovers Sie die Diskussionen erwarten.

▶ Verteilen Sie vorab schon einmal die Agenda und eine grobe Projektübersicht. Aber erwarten Sie nicht, dass diese Informationen auch wirklich von allen Teammitgliedern gelesen werden.

Wie sieht die Agenda aus?

▶ Legen Sie vorher fest, was besprochen werden soll, geben Sie aber keinen starren Zeitplan vor. (Auf der Bonus-Seite finden Sie eine Agendavorlage für das Kickoff-Meeting.)

▶ Stellen Sie das Projekt kurz vor: seine Entstehungsgeschichte, seinen Umfang, warum es notwendig ist und was alle davon haben, wenn es erfolgreich abgeschlossen wird.

▶ Wenn sich die Teilnehmer noch nicht kennen: Schieben Sie eine kurze Vorstellungsrunde ein.

▶ Erläutern Sie wichtige Rahmenbedingungen: Wie lange dauert das Projekt? Was wird es kosten? Und: Was gehört alles dazu?

▶ Klären Sie die Rollen der wichtigsten Beteiligten, also zum Beispiel: Wer gehört dem Lenkungsausschuss an, wer übernimmt etwaige Teilprojektleitungen usw.

▶ Vereinbaren Sie wichtige Spielregeln, und formulieren Sie auch Ihre eigenen Erwartungen. Beispiele: Wie stellen Sie sich die Kommunikation im Team vor? Oder: Wie stellen Sie das Projekt nach außen hin dar?

▶ Lassen Sie nun Raum für Diskussionen und Rückmeldungen der Teammitglieder.

▶ Geben Sie den offiziellen Startschuss für das Projekt, und bedanken Sie sich bei Ihrem Team für die Bereitschaft, Sie (und damit Ihr Projekt) zu unterstützen.

Was ist sonst noch wichtig?

▶ Behalten Sie die Zeit im Auge.

▶ Geben Sie eine Antwort auf die Frage: Warum können Sie das, warum werden gerade Sie das Projekt zum Erfolg führen?

▶ Kehren Sie die Risiken nicht unter den Teppich, überhöhen Sie diese aber auch nicht.

▶ Geben Sie ruhig zu, wenn Sie etwas noch nicht wissen. Das ist menschlich – jeder wird das verstehen, und es stärkt Ihre Glaubwürdigkeit.

▶ Gibt es bereits eine unheilvolle Projektvergangenheit? Dann denken Sie darüber nach, ob Sie nicht einen externen Moderator um die Moderation bitten.

▶ Achten Sie auf einen positiven Abschluss der Veranstaltung.

Und danach?

Danach beginnt das Projekt. Vorher sollten Sie allerdings noch ein kurzes Protokoll verfassen und an die Teilnehmer verschicken. In den meisten Projekten wird jetzt mit der Projektplanung begonnen. Es gibt aber auch Fälle, in denen der Plan schon feststeht, bevor das Kickoff-Meeting beginnt, dann können Sie ihn natürlich schon vorab verteilen und (bitte nur kurz) vorstellen. Wirklich wichtig ist aber, dass zwischen der Besprechung und dem für die Projektteilnehmer fühlbaren Projektstart nicht allzu viel

Zeit verstreicht – nutzen Sie den Schwung aus dem Kickoff-Meeting. Damit geht es aber nun wirklich los!

3.3 Der Nebelkerzenradierer – die Projektplanung

Der Projektplanung ist ein ganzes Kapitel gewidmet, Kapitel 6, »Der Nebel lichtet sich – die Projektplanung«. Daher kann ich mich hier ein wenig kürzer fassen. In Abschnitt 3.1, »Der Sinn von Projektplanung – oder: Wie vorhersagbar sind Projekte?«, habe ich zudem schon ein wenig über die Rolle und die Grenzen der Projektplanung erzählt.

Die Projektplanung kann schon vor dem Projektauftrag erfolgen, meist ist sie aber der erste Schritt im neuen Projekt. Ein Projekt wird nur insoweit geplant, als sich daraus die nächsten Schritte in die Wege leiten und auch kontrollieren lassen.

Die Projektplanung hat die Aufgabe, ein relativ komplexes Problem in Teilschritte zu zerlegen, deren Abhängigkeiten und zeitliche Dimensionen abzuschätzen und diese Erkenntnisse dann schriftlich darzulegen. Außerdem sind hier Ressourcen und Kosten ein zentrales Thema, weil sie für die Projektsteuerung einfach von großer Bedeutung sind.

Mehr noch, ein Projektplan zwingt einen dazu, das Projekt erst einmal systematisch zu durchdenken und seine Gedanken zu ordnen, was eine ganze Reihe an Fragestellungen aufwirft. Nicht alle lassen sich gleich zu Beginn klären, manche begleiten einen das ganze Projektleben hindurch. Wie schon gesagt, der Projektplan ist ein Werkzeug; eines, das ständig verfeinert und angepasst werden muss – wenn er gelebt werden und nicht ein Schattendasein zwischen Aktendeckeln fristen soll.

Der Projektplan ist außerdem eine wichtige vertragliche Grundlage, auf deren Basis Projektleiter, Auftraggeber und Projektteam zusammenarbeiten. Die dort enthaltenen Termine sind verbindlich, die dort verzeichneten Vorgänge spiegeln die tatsächliche Vorgehensweise wider. Die hinterlegten Kosten dürfen nicht überschritten werden, und die zugeordneten Ressourcen müssen rechtzeitig zur Verfügung stehen. Nur so lässt sich ein Projekt wirklich leiten. Wer bei jedem Vorgang neu verhandeln muss, der lähmt sich und das ganze Projekt. Was geplant ist, kann zwar noch verändert werden, ist aber zunächst einmal gesetzt.

Zu guter Letzt ist ein Projektplan eine Entscheidungshilfe. Vor allem wenn er in Bits und Bytes vorliegt, sagt er Ihnen, welche Auswirkungen die Verzögerungen einzelner Vorgänge auf das gesamte Projekt haben oder wie sich Vorgänge besser neu anordnen lassen.

Wichtig: Ein Projektplan soll immer so detailliert sein, dass er seine Aufgaben erfüllen kann, aber nicht detaillierter.

Merkmale eines guten Projektplans

▶ Ein guter Projektplan ist immer aktuell.

▶ Er lebt.

▶ Er wird häufig in den Details, seltener in seinen groben Strukturen geändert.

▶ Er ist so detailliert, dass er unmittelbar für das Controlling verwendet werden kann.

▶ Er ist aber nicht so detailliert, dass das Projektteam bei der Umsetzung daraus keinen Vorteil mehr ziehen könnte. Dies wird möglich, weil das Team die Details der Umsetzung selbst festlegt und ohnedies nicht alle Details im Voraus bekannt sind.

▶ Er kann Meilensteine enthalten, also mit Terminen versehene, wichtige Teilziele des Projekts.

▶ Er spiegelt die Erfahrungen wider, die sich im Projektverlauf angesammelt haben.

▶ Er ist gut dokumentiert und so verständlich, dass er von Dritten verstanden wird (ein wenig geistigen Einsatz vorausgesetzt).

▶ Er gibt den Rahmen vor, lässt aber im Detail die Spielräume, die das Projektteam braucht. Er bringt Planungssicherheit und Agilität zusammen.

▶ Er enthält Vorgänge, Termine, Kosten, Ressourcen und Abhängigkeiten. Die Kosten können aber auch außerhalb geplant werden.

▶ Er eignet sich vorzüglich für Berichte; gerade mit Softwarewerkzeugen lässt sich eine ganze Reihe von nützlichen Standardberichten direkt aus ihm generieren.

Die meisten Projektpläne sind phasenorientiert aufgebaut. Da gibt es eine Vorbereitungsphase, eine Spezifikationsphase, eine Entwicklungsphase usw. In der Praxis trifft man häufig auf agilere Modelle bzw. auf eine mehr iterative Vorgehensweise. Wie man diese beiden Welten zusammenbringt, erfahren Sie in Kapitel 6, »Der Nebel lichtet sich – die Projektplanung«, sowie viele weitere Informationen zur Planung.

3.4 Malochen mit Grips – die Projektdurchführung und das Projektcontrolling

Eines gleich vorweg: Der cocktailschlürfende Projektleiter im Liegestuhl ist ein Mythos. Die Projektdurchführung verlangt vom Projektleiter ständige Präsenz, ein wachsames Auge, kommunikative Fähigkeiten, ein wenig Marketinggetöse sowie Geduld und Ausdauer.

Grob gesagt ist die Projektdurchführung der immerwährende Dreiklang zwischen dem Arbeiten an den Vorgängen, deren Kontrolle und der Anpassung des Plans aufgrund neuer Erkenntnisse.

Das Projektcontrolling beschreibe ich ausführlich in Kapitel 7, »Flaute oder raue See? Projektdurchführung und Projektcontrolling«. Daher beschränke ich mich hier auf die wichtigsten Grundlagen.

Zunächst: Was muss alles kontrolliert werden?

▶ das Einhalten der vereinbarten Termine

▶ die geforderte Qualität

▶ der Umfang der geleisteten Arbeit

▶ die laufenden und noch anfallenden Kosten

Die Kontrolle ist die bei Weitem wichtigste Aufgabe des Projektleiters, noch wichtiger als die Planung selbst – die ohnedies zulasten der Kontrolle häufig überschätzt wird.

Das soll nun aber nicht heißen, es gäbe keine weiteren Aufgaben mehr für den Projektleiter. Die wichtigsten sind:

▶ Er muss Konflikte lösen, unterschiedliche Interessen ausgleichen und sein Projektteam motivieren. Das sind seine bedeutendsten Führungsaufgaben.

▶ Er muss die Planung den sich verändernden Gegebenheiten anpassen.

▶ Die Auftraggeber und andere Führungskräfte wollen regelmäßig und umfassend informiert werden.

▶ Das Projekt muss immer wieder angeschoben werden, wozu auch Projektmarketing gehört.

▶ Die Dokumentation ist mal mehr, mal weniger ausgeprägt – je nach Unternehmen und Art des Projekts.

Näheres zum Projektleiter und zu den anderen Projektbeteiligten finden Sie in Kapitel 5, »Ein ungleicher Haufen – das Projektteam«.

3.5   Geschafft – der Projektabschluss

Mit dem Projektabschluss tun sich viele Auftraggeber sehr schwer. Das liegt meist daran, dass es zu diesem Zeitpunkt immer noch Arbeit gibt, die in ihren Augen zu erledigen ist. Sie wollen den Projektleiter daher nicht (wie sie meinen) vorzeitig aus seiner Verantwortung entlassen. In der Praxis führt das dann zu der äußerst frustrierenden Erfahrung, dass dem Projektleiter der Erfolg für seine Arbeit verwehrt bleibt und das Projekt irgendwann einmal versandet, ohne jemals offiziell für beendet erklärt worden zu sein.

Das beruht aber auf dem Irrglauben, nach einem Projekt gäbe es nichts mehr zu tun. Nichts aber könnte weiter von der Wahrheit entfernt sein! Das Ende eines Projekts markiert nicht das Ende jeder Arbeit, sondern das Ende derjenigen Phase, die eine Projektorganisation notwendig macht, *und gleichzeitig* den Beginn der nächsten Phase, meist die der Wartung.

Nehmen wir einmal unser voriges Beispiel, die Einführung eines neuen Vertriebsinformationssystems. Was wären mögliche Kriterien für einen Projektabschluss?

▶ Die neue Software wurde installiert, die Anwender können damit arbeiten.

▶ Die neue Software wurde installiert und die alte Software für die Eingabe deaktiviert, es muss also die neue Software produktiv verwendet werden.

▶ Die neue Software wurde installiert, die Anwender arbeiteten eine Weile damit, die Kinderkrankheiten wurden also beseitigt, und die alte Software wurde deinstalliert.

Wurde nichts vereinbart, wird der Auftraggeber eher von Kriterium 3 ausgehen, während der Projektleiter die Aufgabe nach Kriterium 1 als abgeschlossen ansieht.

In Abschnitt 3.2.1, »Der Projektauftrag«, habe ich Ihnen empfohlen, die Kriterien für den Projektabschluss bereits im Projektauftrag festzuschreiben, Sie wissen nun, warum.

Aber auch wenn das versäumt wurde, sollten Sie das Gespräch suchen und die Kriterien für den Projektabschluss noch festlegen. Das geht meist viel leichter, wenn die nächsten Schritte – dann außerhalb des Projekts – bereits benannt wurden.

Aus der Praxis

Wenn wir neue Software einführen, dann oft in mehreren Ländern. Da bleibt wenig Raum für Projekte, die ewig laufen. Im Gegenteil: Jedes überzogene Projekt hat Auswirkungen auf die anderen Länder – und auf weitere Projekte, die parallel laufen.

Dennoch sind in der Regel immer noch Punkte offen, nachdem die Software eingeführt wurde. Wir erfassen diese Punkte in einer »Known-Issues-Liste«, in der wir exakt definieren, welche davon noch im Rahmen des Projekts erledigt werden und welche später, im Rahmen der regulären Softwarewartung.

Nicht immer verläuft diese Einschätzung völlig konfliktfrei, wie Sie sich denken können. Aber immer entsteht am Ende eine Lösung, die es uns erlaubt, mit den Projekten fortzufahren, die aber die Anwender dabei auch nicht im Regen stehen lässt. Ein Projekt endet somit mit der, wie wir es nennen, »begleiteten Einführung«, in der wir diejenigen Punkte noch erledigen, die zum Projekt gehören, und Kapazität für Fragen und erweiterte Hilfestellungen vorhalten.

So viel zur Bedeutung des Projektabschlusses im Projektmanagement. Der Vollständigkeit halber sei erwähnt, dass ein Projekt natürlich auch durch

Abbruch enden kann. In beiden Fällen ist aber essenziell, dass dem Projektabschluss eine Entscheidung vorausgeht, die vom Auftraggeber und Projektleiter gemeinsam zu treffen ist.

In der Praxis hilft es meist wenig, wenn als Projektabschluss der Abnahmetermin festgelegt wird, jedenfalls solange die Abnahmekriterien dann nicht genauso sorgfältig definiert wurden.

Wie auch immer: Auch für das Projektende gibt es einige Dinge, die berücksichtigt werden sollten, wie Sie im Folgenden erfahren werden.

Take away

▶ Wenn für das Projektende die Abnahme vereinbart wurde, dann benötigen Sie nun den unterzeichneten Abnahmebericht.

▶ Der Auftraggeber sollte den Abschluss formell und öffentlich verkünden. Es wäre zudem schön, wenn er einige feierliche und löbliche Worte dafür finden würde.

▶ In größeren Projekten ist es üblich, dass man sich trifft – das kann auch außerhalb der Arbeitszeit sein und hat oft Incentivecharakter.

▶ Sie sollten sich ebenfalls bei Ihrem Projektteam bedanken und dessen Leistung entsprechend würdigen.

▶ Vielleicht gibt es noch organisatorische Arbeiten zu erledigen, im Rahmen der sogenannten Projektauflösung. Das kann zum Beispiel das Schließen der Projektkostenstelle sein.

▶ Verzichten Sie auf das Abhalten einer »Manöverkritik«. Wenn etwas nicht rundlief, dann wissen das inzwischen alle Beteiligten recht genau.

▶ Manche Unternehmen erstellen eine Projektabschlussanalyse, in der die Projektziele mit den Ergebnissen verglichen werden und in der die Wirtschaftlichkeit untersucht sowie eine Nachkalkulation erstellt wird.

▶ Häufiger ist der sogenannte Projektabschlussbericht anzutreffen, eine formelle Dokumentation des Projektabschlusses. Dieses Dokument wird dann zusammen mit den anderen Projektdokumenten zu den Akten gelegt und kann für spätere Fragen oder ähnliche Projekte herangezogen werden. Auch hierfür finden Sie auf der Bonus-Seite wieder eine Vorlage.

Die Formalien sind eine Sache, da wird genauso oft übertrieben, wie sorglos gehandelt. Genauso wichtig, wenn nicht wichtiger, ist es, dass Sie nun selbst mit dem Projekt abschließen. Lehnen Sie sich also zurück, und lassen Sie die letzten Wochen, Monate oder Jahre Revue passieren. Was würden Sie heute anders machen? Welche Ihrer Ideen haben sich gut bewährt? Was haben Sie gelernt? Hat es Spaß gemacht, und wo stehen Sie heute in Ihrem Unternehmen, im Vergleich zu früher? Hat Sie das Projekt persönlich und beruflich weitergebracht?

3.6 Wirklich? Noch nicht ganz! Vom Projektende als Startschuss

Häufig wird die Zeit nach einem Projekt wenig beachtet. Eine Software, einmal eingeführt, möchte jedoch umsorgt und gepflegt werden. Und der Bau eines Gebäudes zieht den Umzug dorthin nach sich. Es gibt eigentlich immer eine Fortführung eines Projekts. Wichtig ist daher, das Projekt gegenüber der folgenden Phase abzugrenzen – auch dafür ist der Projektabschluss zuständig.

Solche Phasen nach einem Projekt können selbst wiederum eigene Projekte sein, wenn sie nach einer Projektorganisation verlangen. Oder sie sind Bestandteil des Alltagsgeschäfts, wie zum Beispiel die fortwährende Softwarepflege wie in unserem Beispiel.

In den meisten Fällen ändert sich nach dem Projekt auch die Zuständigkeit, der Projektleiter gibt den Staffelstab an seinen Nachfolger ab. Das liegt eigentlich außerhalb des Fokus dieses Buches, aber einige Empfehlungen möchte ich dennoch gerne beisteuern.

Empfehlungen für die Staffelstabübergabe

▶ Ein Projekt ist nicht plötzlich zu Ende. Sprechen Sie rechtzeitig vor dessen Ende mit demjenigen, der Ihnen nachfolgt.

▶ Häufig wird dieser eine Dokumentation von Ihnen benötigen. Klären Sie vorher ab, wie umfangreich diese sein soll und was sie genau enthalten soll.

▶ Nach dem formalen Projektende – dem Projektabschluss – sollte die nächste Phase formal eingeleitet werden. Warum nicht zusammen?

▶ Neben der Dokumentation hilft es Ihrem Nachfolger sicherlich auch, wenn Sie ihm einige informelle Dinge, wie zum Beispiel andauernde Schwierigkeiten oder andere Einschätzungen, weitergeben. Sie sind schließlich der Profi und verfügen über einen großen Informationsvorsprung.

▶ Begleiten Sie Ihren Nachfolger noch eine Weile, seien Sie ihm also noch über das Projektende hinaus ein Ansprechpartner.

Damit ist die Projektarbeit bereits grob umrissen. Das nächste Kapitel bereitet Sie für alle weiteren Kapitel vor, indem es Ihnen, ganz praktisch, gute Gewohnheiten nahebringt, ohne die Projekte nur halb so erfolgreich wären.

Auch aus Steinen, die dir in den Weg gelegt werden,
kannst du etwas Schönes bauen. (Erich Kästner)

4 Gute Gewohnheiten – was Projekte erfolgreich macht

Wir haben doch alles richtig gemacht?! Der Projektplan, er ist durchdacht, das Controlling ist wasserdicht, der Lenkungsausschuss mehr als nur ein Kaffeekränzchen, und mit dem produzierten Papier könnte Christo mehr als einmal den Berliner Reichstag verhüllen. Warum also ist das Projekt den Bach hinuntergegangen? Und dieser Meier, der hat die neue CRM-Software eingeführt, erfolgreich, sogar vor der vereinbarten Zeit, und auch die Anwender sollen recht zufrieden sein. Und der weiß doch noch nicht einmal, wie man Microsoft Project startet! Das Leben eines IT-Projektmanagers ist ungerecht.

Nein, ist es nicht. Aber es belohnt die Tüchtigen. Dazu gehören Wissen und Fertigkeiten, klar – sie sind das Rüstzeug, das Skelett, um das herum sich ein Projekt aufbaut. Dazu gehört die Erfahrung, typische Fallstricke zu erkennen, noch bevor man in sie hineintritt. Dafür ist Kapitel 2, »Im Nebel nach Turkmenistan – warum Projekte scheitern (können)«, da, das jeder Projektmanager im Laufe der Jahre um seine ganz eigenen Erfahrungen ergänzen kann. Aber da fehlt noch etwas: eine Sammlung guter Gewohnheiten. Es sind Dinge, die für jedes Projekt nützlich sind, wiederum Erfahrungen, die ich in diesem Kapitel mit Ihnen teilen möchte. Und beginnen wollen wir mit einem häufig zitierten Ingenieur.

4.1 In den Kerker mit Murphy – warum Optimismus so wichtig ist

Es gibt Projektmanager, die haben sie an ihrem Schreibtisch kleben: die Lebensweisheiten des Edward A. Murphy jr., demzufolge alles schiefgehen wird, was nur schiefgehen kann. Es gibt sie in verschiedenen Varianten, und immer noch kommen neue dazu. Zum Beispiel: »Die Komplexität eines Programms wächst so lange, bis sie die Fähigkeiten seines Programmierers übersteigt.«

Projektmanagement ist nichts für Feiglinge, aber erst recht nichts für Pessimisten (und schon gar nichts für Realisten!). Im Projektmanagement, vor allem in der IT, geht es immer darum, auf Probleme und Fehler richtig zu reagieren, denn vermeiden lassen sie sich nie vollständig. Gute Projektmanager sitzen nicht paralysiert wie Kaninchen vor der Schlange, wenn ein Problem auftritt, und sie warten auch nicht ständig darauf, was alles passieren könnte. Sie akzeptieren Probleme, wenn sie auftreten, behalten das Ganze im Blick und finden Lösungen, wie das Ziel dennoch erreicht werden kann. Sie verstehen sich als Lotsen durch ein Terrain, das sie nicht in allen Details kennen. Manche Probleme erfordern einen Umweg, andere einfach mehr Zeit als geplant und wiederum andere eine Umkehr, weil sich der ursprüngliche Weg als Sackgasse erwiesen hat. Das ist normal, also Teil des Projektalltags – und dies macht ja gerade den Reiz dieser Aufgabe aus.

Fassen wir also im Folgenden die Fakten zusammen.

Take away

▶ Seien Sie optimistisch hinsichtlich des zu erreichenden Ziels. Sie werden es schaffen!

▶ Seien Sie ruhig vorsichtig, wenn es um die Projektplanung geht, also um Zeit, Qualität und Kosten.

▶ Verwechseln Sie nicht Vorsicht mit Pessimismus.

▶ Sie müssen immer wieder Annahmen treffen, und das bringt mit sich, dass Sie sich gelegentlich irren. Das ist in Ordnung, solange Sie den Irrtum später erkennen und ihn korrigieren.

▶ Es gibt Tage, an denen häufen sich schlechte Nachrichten. Sie sind aber nicht repräsentativ für das gesamte Projekt.

▶ Weder wird ein Projekt besser, wenn Sie sich nur auf diejenigen Aspekte konzentrieren, die gerade erfolgreich sind, noch wird es schlechter, wenn Sie nur die aktuellen Probleme ins Auge fassen.

Gute Projektmanager bemühen sich immer um den Vogelblick, die Gesamtbetrachtung eines Projekts zu einem bestimmten Zeitpunkt, und leiten daraus Maßnahmen ab, um das Projekt auf Kurs zu bringen oder zu halten.

▶ Wenn Sie mit dem Wort »Problem« ein Problem haben, dann ersetzen Sie es ruhig durch ein anderes: Abweichung, Hindernis oder Komplikation oder, am besten, *Herausforderung*.

Nehmen Sie es wie die Piloten. Ein Flugplan enthält die geplante Route, nicht die tatsächliche. Flugzeuge sind erstaunlich ignorant gegenüber solchen Plänen und daher die meiste Zeit »off course«. Das hindert Piloten ebenso wenig daran, ihr Ziel zu erreichen, wie ein Wechsel der Flughöhe aufgrund von Turbulenzen oder Warteschleifen am Zielflughafen. Sie akzeptieren solche Abweichungen als Teil ihres Jobs. Tun Sie das doch auch einfach.

4.2 Hüten Sie sich vor Akronymen

Was passiert, wenn Sie mit einer Abrissbirne nach einer Fliege schlagen? Sie haben anschließend ein Loch in der Wand. Das ist schlecht für die Fliege, aber leider auch schlecht für die Wand.

In der Praxis konkurrieren viele verschiedene Methoden (oder Modelle) des Projektmanagements miteinander: PRINCE2, CMMI, PMBOK, DIN und ISO sind nur einige Beispiele solcher Systeme. PRINCE2 zum Beispiel ist ein stark phasenorientiertes Modell, das aus England kommt und dort (aber nicht nur dort) in Regierungsprojekten eingesetzt wird. Mit dem Lesen der dazugehörigen Dokumente könnten Sie locker einen ganzen Urlaub verbringen, um dann zu erfahren, dass viele wichtige Bestandteile des Projektmanagements gar nicht Bestandteil von PRINCE2 sind, sondern wiederum in anderen Systemen und Dokumenten geregelt sind.

Aus der Praxis

Ich habe einmal einen Kurs für Projektmanagement besucht, der von einem Projektmanager eines Großkonzerns geleitet wurde. Nun sollten Sie wissen, dass deren Projektmanager ganze Gebäude füllen.

Entsprechend wichtig ist dort die »Metaebene« – es geht in diesen Unternehmen also nicht nur um das Management der Projekte, sondern auch um das Management der Projektmanager und die Standardisierung des Projektmanagements und seiner Methoden an sich. Entsprechend komplex und vielschichtig sind also deren Methoden.

Man beschloss: Ein Projektmanagement-Handbuch muss her, um die Prozesse auch im eigenen Unternehmen zu standardisieren. Der Geschäftsführer höchstselbst schrieb sogar eine Webanwendung, um den Status der international laufenden Projekte zu erfassen und zu verfolgen. Wiewohl beides gut gemacht war, ist ihnen bis heute nur ein Schattendasein als Dateileiche und Briefbeschwerer beschieden – schade drum.

Soll das nun heißen PRINCE2 & Co. wären ungeeignet? Nein, ganz und gar nicht! Es soll heißen: Ihr Werkzeug sollte zu Ihrer Aufgabe passen. Denken Sie an die Fliege!

Take away

▶ Wie gesagt: Das Werkzeug muss zur Aufgabe passen, also das Modell zum Projekt.

▶ Entscheiden Sie sich schon frühzeitig für oder gegen ein Modell.

▶ Die meisten standardisierten Modelle sind als Gesamtkunstwerk zu verstehen. Es ist nicht, oder jedenfalls nicht ohne Weiteres, möglich, nur einzelne Teile daraus herauszugreifen.

▶ Wenn Sie sich für ein Modell (zum Beispiel PRINCE2) entscheiden, sollten Sie auch die dazugehörigen Dokumente lesen und/oder sich über Kurse zertifizieren lassen.

▶ Besser als kein Modell ist ein eigenes, einfaches Modell.

▶ Halten Sie die wichtigsten Grundsätze Ihres eigenen Modells schriftlich fest, und handeln Sie danach.

Ihr eigenes Modell fassen Sie am besten kurz in einem kleinen Dokument zusammen, das gewissermaßen zu Ihrem eigenen »Projektwegweiser« wird. Die wichtigsten Tipps, Regeln und Abläufe dazu finden Sie in diesem Buch.

4.3   Was Sie von Ihrem Gartenthermometer lernen können

Sehen Sie, wenn ich mir ein Gartenthermometer kaufe, dann ist es eines dieser Teile, die alles können. Mit Funkanbindung, Temperaturspeicher, Luftdrucksensor usw. Meine Eltern haben hingegen ein altes Modell. Es zeigt erst gar keine Zehntelgrad an, weil es dafür keine Markierungen hat. Ob man die Pflanzen jedoch besser abdecken sollte, weil es sonst zu kalt für sie würde, oder um den richtigen Zeitpunkt für das Pflanzen zu finden – dafür ist die Genauigkeit völlig ausreichend, und dekorativ ist es obendrein.

In Projekten lässt sich oft ein Trend beobachten: der Trend zu »virtueller Genauigkeit«. Genauigkeit setzt aber drei Dinge voraus:

▶ **Reproduzierbarkeit**: Ein Vorgang muss sich beim nächsten Mal mit demselben Ergebnis wiederholen lassen, und das in etwa in derselben Zeit.

▶ **Standardisierung**: Ein Vorgang muss immer auf dieselbe Art und Weise ablaufen, was wiederum eine wichtige Voraussetzung für Reproduzierbarkeit ist.

▶ **Kontrolle**: Der Vorgang an sich, aber auch die Rahmenbedingungen drum herum müssen sich exakt kontrollieren lassen.

Das sind keine sehr realistischen Annahmen für ein Projekt. Und so werden viele Vorgänge mit einer Genauigkeit geplant, die sich in der Praxis nicht erfüllen lässt.

Was ist nun verkehrt daran? Zunächst einmal nicht viel, wenn es einfach nur darum geht, einen Vorgang vielleicht in Minuten statt in Stunden zu planen. Problematisch wird es, wenn andere Vorgänge von der Präzision der Durchführung vorheriger Vorgänge abhängen. In der Praxis sieht man dann häufig Projektpläne, die eher haarkleinen Handlungsanweisungen gleichen als echten Projektplänen. Solche Pläne scheitern schnell, oft schon beim ersten Vorgang, der mehr Zeit in Anspruch nimmt, als für ihn eingeplant wurde. Daraus folgt ein (viel zu) hoher Aufwand für das Nachführen des Projektplans an die tatsächlichen Gegebenheiten. Dazu aber mehr in Kapitel 6, »Der Nebel lichtet sich – die Projektplanung«, denn hier soll es ja um den Grundsatz an sich gehen.

Die Ursache dieser Planungseuphorie sind häufig falsche Erwartungen. Beispielsweise die Erwartung des Auftraggebers an den Projektleiter hinsichtlich der Beherrschbarkeit einzelner Vorgänge eines Projekts. Wenn in meiner Praxis diese Frage aufkommt, dann vergleiche ich die Genauigkeit innerhalb einer Projektplanung gerne mit der Genauigkeit einer Umsatzplanung. Genauso wenig wie ein Vertriebsleiter den zu erwartenden Umsatz auf die Nachkommastelle genau planen kann, kann der Projektleiter die Dauer eines Vorgangs in Minuten planen. Und hier wie dort hängt es von der Größe ab. Bei einem Umsatz von 10 Millionen Euro kann bereits die Planung im Hunderttausender-Bereich zu genau sein, bei einem Vorgang, der mehrere Monate dauert, ist vielleicht schon eine Planung im Tagesbereich zu genau. Auch Komplexität und Risiko spielen eine Rolle. Der Umsatz eines neuen, risikobehafteten Produkts entspricht dann einem Vorgang, der neuartig und sehr komplex ist. Sie sehen: Es kommt immer auf die Perspektive an.

Take away

▶ Akzeptieren Sie keine Vorgaben an die Genauigkeit, die Sie nicht halten können. Sie könnten daran gemessen werden.

▶ Verwenden Sie keine Einheiten, die zu klein sind. Das Anpassen der Konfigurationsdateien dauert nur zehn Minuten? Prima, dann müssen Sie diesen Vorgang auch nicht eigens planen – er ist somit Teil eines größeren Vorgangs.

▶ Eine einzige Genauigkeit gibt es nicht, denn die Genauigkeit einer Schätzung hängt von der Art, Komplexität und Größe des Vorgangs ab.

▶ Wer zu genau schätzen möchte, der wird die meiste Zeit über seine Schätzung verfehlen – keine besonders schöne Aussicht, finden Sie nicht?

▶ Anstatt sich auf virtuelle Genauigkeit einzulassen: Stellen Sie Risiko, Minimum und Maximum einer Schätzung dar (nicht bei jedem Vorgang, aber bei den besonders riskanten).

▶ Machen Sie einen Bogen um Ihren Projektcontroller, oder laden Sie ihn wahlweise auf ein Bier ein.

▶ Nur wenn Sie die Erwartungen Ihres Auftraggebers kennen, können Sie darauf Einfluss nehmen.

Sie sehen also, wir können es in der Regel mit Franz Josef Strauß halten, der meinte: »Lieber ungefähr richtig als genau falsch.«

4.4 Klappern gehört zum Handwerk

Das soll heißen: Nicht allein die Qualität eines Produkts entscheidet über den Erfolg, sondern auch dessen Vermarktung.

Leider sind viele Projektleiter keine geborenen Verkäufer. Manchen ist es einfach unangenehm, über ihr Projekt zu reden, andere scheuen den damit verbundenen Aufwand. Und wieder andere glauben einfach nicht daran, dass ihr Projekt überhaupt jemanden interessieren könnte. Und nicht zuletzt kann die Angst vor Fehlschlägen kommunikationshemmend wirken, denn wer regelmäßig über sein Projekt berichtet, der erzeugt Interesse und weckt Erwartungen.

Und dennoch: Ohne Marketing bleibt Ihnen der Projekterfolg entweder versagt, oder niemand nimmt wirklich Notiz davon. Stellen Sie sich vor, Kennedy hätte damals nicht die Mondlandung öffentlich angekündigt, stattdessen hätte er in einem Lenkungsausschuss gesagt:»Liebe Freunde, wir beabsichtigen, demnächst einen bemannten Transport zu unserem Erdtrabanten durchzuführen. Sie sind herzlich dazu eingeladen, daran mitzuwirken. Näheres zur Zeit- und Ressourcenplanung erfahren Sie von unserem Projektleiter.«

Die Top-10-Gründe für ein gutes Projektmarketing

▶ Jedes Teammitglied möchte beachtet werden und arbeitet daher viel lieber und intensiver an seinen Aufgaben, wenn diese öffentliche Beachtung finden.

▶ Sie selbst möchten vielleicht auch beachtet werden.

▶ Öffentliche Ankündigungen wirken verpflichtend. Oder glauben Sie, Kennedy hätte sagen können:»Wir haben da ein Softwareproblem, das wir zurzeit nicht lösen können. Die Mondlandung müssen wir daher zunächst absagen.«?

▶ Ressourcen stehen viel leichter zur Verfügung, wenn ein Projekt allgemeine Beachtung findet. Anders ausgedrückt: Projektmarketing wirkt sinnstiftend.

▶ Sie können die öffentliche Meinung selbst gestalten, anstatt eine Meinung hinnehmen zu müssen, die sich ohne Ihr Zutun in den Kaffeeküchen Ihres Unternehmens bildet.

▶ Sie schaffen Vertrauen durch Transparenz. Gerade größere Projekte, die im Verborgenen ablaufen, sind ein gern genutzter Quell für Verschwörungstheorien aller Art.

▶ Mit einem guten Projektmarketing ziehen Sie vor allem die Entscheider auf Ihre Seite.

▶ Mitarbeiter und Entscheider unterschätzen häufig die Komplexität eines Projekts. Sie können also dafür Sorge tragen, dass Ihrem Projekt die nötige Wertschätzung entgegengebracht wird.

▶ Durststrecken lassen sich leichter überwinden, weil es einen Grundstock an Vertrauen und Unterstützung gibt, auf dem Sie aufbauen können.

▶ Im Konkurrenzkampf um Ressourcen haben Sie die Nase vorn.

So, das sollte genügen, um Sie vom Sinn und von der Notwendigkeit des Projektmarketings zu überzeugen. Ach, nein, Sie zweifeln noch ein wenig? Nun gut, dann folgt jetzt ein Bericht aus der Praxis.

Aus der Praxis

Derzeit leite ich ein Softwareprojekt, das die bestehende Lösung zur Produkt- und Kostenplanung sowie zur Ergebnisrechnung, nebst allen Auswertungen, ersetzen soll. Das Projekt erstreckt sich über 14 Länder und verwendet eine recht fortschrittliche Technologie. Es wird ungefähr zwei Jahre dauern und wohl unterm Strich einen sechsstelligen Betrag kosten.

Ich stehe am Anfang dieses Projekts, und so verwundert es nicht weiter,

▶ dass niemand das Projekt wirklich haben, geschweige denn daran mitarbeiten möchte,

▶ dass einige die Meinung haben, man müsste eigentlich nur die Belegzeilen auf den Rechnungen zusammenzählen und ein kleines Planungsmodul hinzufügen,

> ▶ dass die Erwartungen hinsichtlich Kosten und Ressourceneinsatz nur zu einem Schmunzeln anregen können und
>
> ▶ dass ich, würde ich zum jetzigen Zeitpunkt meine Einschätzung mitteilen, zum Termin gleich ein Fläschchen Riechsalz mitnehmen müsste.
>
> Das klingt zunächst, als könnte ich bei diesem Projekt nur verlieren. Nun kenne ich diese Situation aber bereits, weil es mir schon einige Male ähnlich ergangen ist, und ich werde, wie auch schon früher, Projektmarketing betreiben. In meinem Fall bedeutet das: regelmäßige Newsletter, Screen-Videos, einheitliche Projektvorlagen und einheitliches Projektlogo, Vorträge auf öffentlichen Versammlungen, Beiträge für den gruppenweiten Newsletter und noch ein wenig mehr.

Es wird Sie nicht weiter verwundern, dass diese Aufgabe in größeren Projekten von eigenen Sprechern wahrgenommen wird. Aber Projektmarketing ist Chefsache – also Ihre Sache.

Diese Personen sollten Sie demzufolge tunlichst umgarnen:

▶ den Auftraggeber und andere wichtige Projektbeteiligte (man nennt sie heute gerne »Stakeholder«)

▶ Ihr eigenes Projektteam (und zwar nicht nur die festen Mitglieder, sondern auch diejenigen, die erst zu einem späteren Zeitpunkt eine Rolle im Projekt spielen)

▶ die Geschäftsführung oder Leitungsebene darunter (je nach Struktur und Größe Ihres Unternehmens)

▶ den Kunden (sofern er mit dem Auftraggeber nicht identisch ist)

▶ gegebenenfalls indirekt beteiligte Personengruppen (wie Betriebsräte)

▶ die Mitarbeiter des Lenkungsausschusses

▶ von Zeit zu Zeit: andere Mitarbeiter und Kollegen, die ein (wenn auch nur entferntes) Interesse an Ihrem Projekt haben könnten (könnten!)

▶ sofern für Ihr Projekt relevant: die Öffentlichkeit und Ihre Presseabteilung

Art, Umfang und Häufigkeit der Maßnahmen bestimmen Sie. Natürlich spielt auch die Bühne eine Rolle. Wenn Sie auf einer Betriebsversammlung Ihr Projekt präsentieren können: prima! Aber diese Bühne ist vorgegeben. Andere Bühnen können Sie sich selbst schaffen, zum Beispiel:

▶ projektbegleitende Intranet- und Internetseiten

▶ Newsletter (elektronisch bzw. auf Papier)

▶ E-Mails

▶ Come-together-Meetings

▶ Schulungen und andere Veranstaltungen (sie können ebenfalls einen Marketinganteil besitzen)

▶ Pressemitteilungen

▶ Ausstellungen und gestaltete Wände in häufig genutzten Teilen des Gebäudes

▶ Flyer, kleine Geschenke

Aber bitte vergessen Sie jetzt nicht den wichtigsten Grundsatz: Ausschlaggebend ist, dass Sie Ihr Projekt überhaupt bewerben!

Zum Schluss noch einige Kommunikationstipps, wie Sie Ihr Projektmarketing erfolgreich gestalten können.

Goldene Regeln für das Projektmarketing

▶ Denken Sie immer an den Adressaten: Was könnte ihn interessieren, wie können Sie sein Interesse wecken, und wie kann er einen Bezug von Ihrem Projekt zu seiner eigenen Tätigkeit herstellen?

▶ Auch wenn Sie ein Programm zur Errechnung der Lottozahlen entwickelt haben: Loben Sie sich nicht selbst, überlassen Sie diese Schlussfolgerung stets dem Empfänger.

▶ Projektmarketing ist auch ein Stück Selbstdarstellung, aber nicht nur. Beziehen Sie immer Ihr Projektteam mit ein. Und dieses dürfen Sie ruhig loben.

▶ Besonders bei größeren Projekten ist ein Arbeitstitel sinnvoll, und auch ein eigenes Projektlogo kann zur schnelleren Wiedererkennung beitragen.

▶ Regelmäßigkeit ist wichtig – oder anders gesagt: Steter Tropfen höhlt den Stein.

> ▸ Fassen Sie sich im Zweifel eher kurz und prägnant als ausschweifend und langatmig.
>
> ▸ Unterhalten Sie Ihre Empfänger auch ein wenig.
>
> ▸ Wenn es Probleme gibt, dann können und sollten Sie diese auch ruhig benennen. Was die Empfänger in diesem Fall aber zweifelsohne interessieren wird: Was werden Sie tun, um diese zu überwinden?

Gute Kommunikation schafft Vertrauen, eine Beziehung, auf die sich auch dann aufbauen lässt, wenn es einmal schwieriger werden sollte. Und auch hier gilt das Prinzip von Henry Ford: Die Hälfte der Werbung ist rausgeworfen, aber leider wissen wir nicht, welche Hälfte.

4.5 Was Sie von Ihrer Taschenlampe lernen können

Seit Neuestem gibt es eine Innovation in der Meteorologie: die 14-Tage-Wettervorhersage. Ja, sogar eine 16-Tage-Vorhersage wird mancherorts angeboten. Und so erfahre ich, dass in 14 Tagen bestes Grillwetter sein wird. Nur am Abend, da bläst ein leichter Südostwind mit 11 km/h. Am besten, ich lade unsere Freunde gleich ein und sage ihnen, sie sollen für den Abend eine Jacke mitnehmen; eine, die für 17 Grad Celsius und leichten Wind geeignet ist. Und eine Stunde später serviere ich den Rotwein, weil er bei den dann herrschenden 16 Grad Celsius ideal temperiert sein wird. Toll, diese Technik heute!

Von übertriebener Genauigkeit war bereits die Rede, hier geht es um die Frage, bis in welche Zukunft Vorhersagen überhaupt möglich sind – oder vielmehr sinnvoll möglich sind. Wir sprechen hier vom *Planungshorizont*. In Kapitel 3, »Wie am Schnürchen – wie Projekte ablaufen (sollten)«, war davon bereits die Rede.

Bevor ich nun zum Telefonhörer greife, sollte ich meinem Instinkt vertrauen. Zum Glück gibt es Wettervorhersagen, die nicht nur Zahlen präsentieren, sondern auch die Vorhersagegenauigkeit mit angeben. Abbildung 4.1 entlarvt die angebliche Vorhersage als eine grobe Wettertendenz, denn schon ab dem vierten Tag wird die Vorhersage zusehends ungenauer. Und so könnte es durchaus sein, dass statt 25 Grad Celsius und Sonnenschein nur 13 Grad Celsius, Wind und Regen auf die Besucher meines Grillfestes warten. Besser, ich räume mal meine Wohnung auf, nur für den Fall.

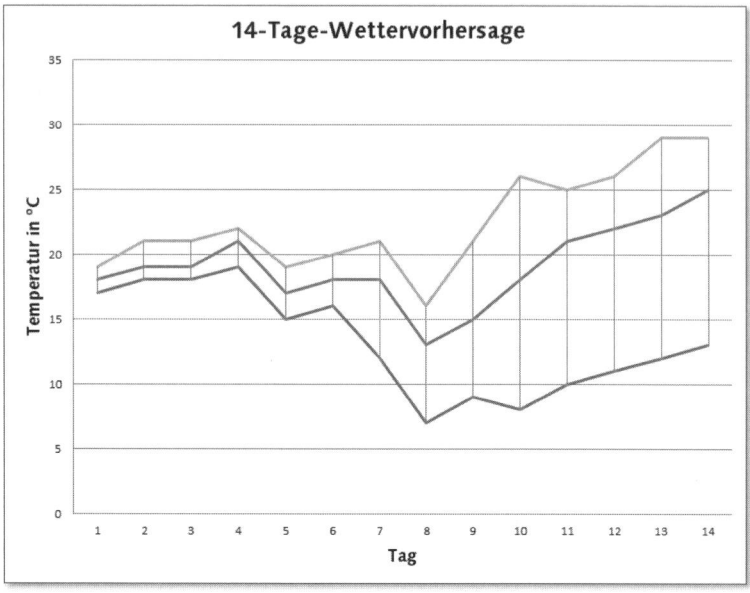

Abbildung 4.1 Wettervorhersage

Was nutzt dann aber eine solche Vorhersage, wenn sie mit so großen Unsicherheiten verbunden ist? Nun, es hängt davon ab, was man damit machen möchte. Um ein Grillfest zu planen, nutzt sie nichts, aber ein Landwirt könnte durchaus seine mittelfristige Planung darauf abstimmen. Er kennt die Unsicherheiten und akzeptiert sie als wesentlichen Teil seiner Planung.

So ist es auch im Projektmanagement, und es ergeben sich daraus wichtige Regeln:

▶ Je weiter in der Zukunft, desto ungenauer wird die Planung sein.

▶ Je weiter in der Zukunft, desto grober sollte die Planung sein.

▶ Es kommt darauf an, wofür eine weitreichende Planung verwendet wird.

Ich gehe in Kapitel 6, »Der Nebel lichtet sich – die Projektplanung«, noch näher darauf ein. An dieser Stelle möchte ich Ihr Bewusstsein dafür schärfen, dass die perfekte Planbarkeit eine Illusion ist. Ein Projekt gleicht einer Taschenlampe. Je näher ein Ereignis ist, desto heller wird es beleuchtet und desto vorhersagbarer wird das Ergebnis sein. Je weiter weg ein Ereignis ist, desto schemenhafter stellt es sich dar. Und ab einer gewissen zeitlichen Entfernung ist es gar nicht mehr als solches zu erkennen.

Das passt weder in unsere Zeit noch in heutige Unternehmen, in der vermeintlich nur das gesteuert werden kann, was auch planbar ist. Der Beginn der Softwaretests wird dann auf den 14. November festgelegt, auch wenn dieses Datum noch ein ganzes Jahr entfernt ist.

Ein Projektleiter sollte damit umgehen können, und er sollte die Auswirkungen auf die Projektarbeit kennen.

Take away

▶ Für weit entfernte Vorgänge und Ziele sollten Sie statt von »Terminen« lieber von »Meilensteinen« sprechen.

▶ Manchmal ist es besser, bei solchen Meilensteinen kein Datum, sondern eine Kalenderwoche (oder gar nur den Monat) anzugeben. Meist genügt das auch für die Ressourcenplanung.

▶ Das hilft auch, um echte (fixe) Termine von Meilensteinen zu unterscheiden. Wenn Sie zum Beispiel auf das QA-Team angewiesen sind, das nur vom 14. bis 24. Juli zur Verfügung steht, dann ist es das wichtigste Projektziel in diesem Moment, diesen Termin zu halten. Sie müssen dann vielleicht bei anderen Zielen Opfer bringen, zum Beispiel beim Funktionsumfang.

▶ Lassen Sie sich niemals zu einer Genauigkeit und einem Planungshorizont hinreißen, die Sie beide nicht vorhersagen können.

▶ Geben Sie lieber an, ab welchem Zeitpunkt Sie eine Detailplanung vorlegen können.

▶ Arbeiten Sie an Ihren Plänen, und fügen Sie Genauigkeit dann hinzu, wenn dies auch sinnvoll möglich ist.

Die Reaktion Ihres Auftraggeber könnte natürlich sein: »Dann nehmen Sie doch eine stärkere Taschenlampe!« Ihre Antwort sollte dann lauten: »Was darf Sie denn kosten?« Anders gesagt: Je größer der Planungshorizont und je detaillierter die Planung sein soll, desto mehr Aufwand müssen Sie in die Voruntersuchung investieren. In größeren Projekten kann diese selbst wiederum ein eigenes Projekt sein.

Aus der Praxis

In dem bereits erwähnten Projekt zur Ablösung der Steuerungs- und Planungsinstrumente gibt es einige Risiken, wie eigentlich immer, wenn viele Gesellschaften daran beteiligt sind. Sind alle Finanzbuchhaltungen miteinander kompatibel? Sind die Altdaten wirklich in das neue System konvertierbar, und lassen sich die geforderten Auswertungen mit der neuen Buchungssystematik wirklich abbilden? Das sind einige der Fragen, die wesentliche Auswirkungen auf den Projektverlauf haben, die zum Beginn des Projekts aber nicht zu beantworten sind.

In solchen Fällen führe ich ein *Proof of Concept* durch. Das ist, grob gesagt, eine Machbarkeitsstudie. Während dieser Phase können Prototypen entstehen, oder die Machbarkeit wird mithilfe theoretischer Analysen geprüft. Auf jeden Fall steht am Ende die weitere Vorgehensweise fest. Der Planungshorizont ist weiter geworden, das Risiko dafür kleiner. Vor dem Ergebnis des Proof of Concepts treffe ich daher keine Aussagen über Termine und andere Projektziele, und erst recht fertige ich noch keinen detaillierten Projektplan an.

Im Grunde geht es hier auch wieder um Erwartungen, die Erwartungen des Auftraggebers an die Genauigkeit einer Planung in der Zukunft. Je höher diese Erwartungen sind, desto größer müssen zwangsläufig die Puffer ausfallen, die im Projektplan enthalten sind, oder desto mehr Aufwand muss in die Analyse mit einfließen – Aufwände, die sich nicht immer auszahlen. Manchmal ist es besser, ein Stück Unsicherheit zu akzeptieren, als einen Projektplan festzuzementieren.

Ihre Aufgabe als Projektleiter ist es nicht, Unmögliches möglich zu machen, sondern dafür zu sorgen, dass ein erreichbares Ziel auch wirklich erreicht wird. Dafür sollten Sie die Optionen aufzeigen, die Wahl liegt dann beim Auftraggeber.

4.6 Das Lustprinzip – warum Motivation der Treibstoff ist

Haben Sie schon einmal darüber nachgedacht, was Ihr Projektteam davon hat, wenn es Ihnen bei der Durchführung Ihres Projekts hilft? Das sollten Sie besser, denn wenn dabei nur Arbeit, Frust, Risiken, Überstunden und Stress herauskommen, werden Sie dafür keine motivierten Mitstreiter gewinnen. Unmotivierte Mitarbeiter hemmen ein Projekt, manchmal unbewusst, manchmal auch bewusst. Was Sie dagegen benötigen, sind motivierte Mitarbeiter, solche, die hinter Ihrem Projekt stehen und verbindlich daran mitarbeiten.

Fakt ist, dass Mitarbeiter heute mehr denn je an Projekten beteiligt sind. Und richtig ist auch, dass diese Projektarbeit häufig neben dem Tagesgeschäft durchgeführt werden muss, das als zunehmend unwichtiger empfunden wird. »Nur Projekte bringen uns weiter« oder »Wir müssen den Anteil der Routinearbeiten zugunsten der Projektarbeiter auf 20 % drücken« sind zwei Aussagen, denen man gar nicht so selten begegnet.

Manchmal entsteht ein regelrechter Projektkonkurrenzkampf, und Sie sollten dabei keinen hinteren Platz auf der Liste der Prioritäten belegen. Zum Glück scheren sich die meisten Projektmanager, jedenfalls die, die ich kenne, nicht weiter um Motivation, sie nehmen es als gegeben hin, dass Mitarbeiter voller Eifer und Motivation zu Werke gehen. Gute Karten also für Sie, wenn Sie einige Dinge beherzigen.

Beginnen wir zunächst mit dem Projekt selbst.

Motivation und Projekt

▶ Jeder Mensch möchte gerne den Sinn seiner Arbeit verstehen. Erklären Sie Ihren Mitarbeitern, wofür das Projekt wichtig ist und in welchem Maße die Aufgaben der Mitarbeiter zum Projekterfolg beitragen.

▶ Wann immer es Ihnen möglich ist: Stellen Sie einen Bezug zum Aufgabenumfeld des einzelnen Projektmitglieds her – warum ist die Aufgabe gerade für dessen Arbeitsbereich wichtig?

▶ Vermitteln Sie den Projektmitgliedern, dass die Leitungsebene voll hinter dem Projekt steht. Niemand möchte für ein Projekt arbeiten, das unter Umständen gar nicht zu Ende geführt wird.

> ▶ Erklären Sie die einzelnen Phasen Ihres Projekts, damit Ihr Projektteam einen Überblick gewinnt und nachvollziehen kann, wie das Projekt voranschreitet.

Es bietet sich an, diese Fragen im Rahmen eines Kickoff-Meetings zu beantworten. Übrigens auch dann, wenn sie niemand wirklich stellt. Sie spielen eine Rolle, glauben Sie es mir. In längerfristig angelegten Projekten macht es Sinn, diese Punkte mitten im Projekt, oder vor besonders schwierigen Phasen, noch einmal anzusprechen und zu vertiefen. Bitte achten Sie auch darauf, während des Projektverlaufs neu hinzukommende Teammitglieder auf diese Weise mit ins Boot zu holen.

Idealerweise versteht Ihr Team nun das Projekt, dessen Notwendigkeit und dessen Realisierbarkeit und hängt sich für Sie und das Projekt so richtig ins Zeug. Aber die so gewonnene Motivation ist ein zartes Pflänzchen, das gegossen werden will. Womit? Na mit Informationen!

Motivation und Information

▶ Halten Sie alle Projektmitglieder stets auf dem Laufenden. Auch solche, die gerade nicht aktiv am Projekt beteiligt sind.

▶ Informieren Sie positiv, knapp und einprägsam.

▶ Erwähnen Sie auch Schwierigkeiten, sofern Sie erklären, wie diese aus der Welt zu schaffen sind.

▶ Stellen Sie den gesamten Projektfortschritt dar, damit die Teammitglieder erkennen können, in welcher Phase Sie sich (und sie selbst) gerade befinden.

▶ Sorgen Sie dafür, dass die guten Leistungen Ihrer Teammitglieder bekannt werden. Gute Leistungen gehören demjenigen, der sie erbracht hat, schlechte Leistungen gehören Ihnen allein – sorry!

Für die Weitergabe von Informationen gibt es viele Möglichkeiten. E-Mails, Intranetseiten oder Meetings sind wahrscheinlich die drei wichtigsten. Denken Sie aber stets daran: Es besteht immer die Gefahr, dass Interesse und Motivation abflauen. Informieren Sie daher rechtzeitig und so, dass die Informationen möglichst lange im Gedächtnis bleiben.

Kennen Sie diese lästigen Verkäufer, die Sie am Ende eines Telefonats immer noch etwas Persönliches fragen, das Sie dann übereifrig in Ihr CRM-System eintragen, nur, um das nächste Telefonat in etwa so eröffnen zu können? Zum Beispiel: »Herr Krüger, schön, dass ich Sie antreffe! Wie war Ihr Urlaub, Sie waren ja im Mai in Spanien. Haben Sie sich gut erholt?« Das meine ich *nicht*, wenn ich gleich auf die persönlichen Aspekte der Motivation eingehe, sondern ehrliche und dem Anlass angemessene Anteilnahme am Leben und an den Aufgaben Ihrer Teammitglieder.

Motivation und Persönliches

▶ Sie sollten die Teammitglieder kennen, und zwar auch mit dem Vornamen; selbst dann, wenn Sie diese siezen.

▶ Wie man eine persönliche Ebene aufbaut, ist nicht mit wenigen kurzen Ratschlägen erklärt. Sie wissen selbst, was dazu nötig ist. Vielleicht ist es wichtig, die Geburtstage zu notieren? Oder die Mitarbeiter erwarten es, dass Sie sich mit ihnen in der Kantine treffen? Was immer angemessen und zielführend ist: Tun Sie es!

▶ Greifen Sie ab und zu zum Telefonhörer, oder schauen Sie mal im Büro Ihrer Teammitglieder vorbei.

▶ Vermeiden Sie allzu regelmäßige Zeiten, seien Sie lieber spontan und im besten Sinne des Wortes unberechenbar.

Wie schon gesagt, Sie sollten Persönliches nicht stur planen. Ihre Maßnahmen sollten authentisch und spontan sein und von Herzen kommen.

Manchmal ist das auch schon alles, was nötig ist, um ein Projekt voranzubringen und dafür Sorge zu tragen, dass Ihre Teammitglieder auch beim nächsten Projekt noch mit dabei sind. Manchmal jedoch reicht das leider nicht. Das hängt sicherlich auch von der Größe des Projekts und dem Anteil des Teammitglieds daran ab. Kommen wir nun also zu den Anreizen.

Motivation und Anreize

▶ Egal, was man Ihnen erzählt: Geld motiviert. Vielleicht nicht langfristig, aber doch kurz- und mittelfristig und vermutlich zumindest so lange, wie Ihr Projekt läuft.

Wenn es in Ihrer Macht steht, sollten Sie dafür Sorge tragen, dass gute Leistungen Ihrer Teammitglieder auch entsprechend honoriert werden. Oft werden dafür Einzel- oder Teamprämien vereinbart.

▶ Wenn es in Ihr Projekt und zu dem Mitarbeiter passt, dann können auch Schulungen einen Anreiz darstellen.

▶ Mitarbeiter sind für Feedback dankbar, wenn dieses kurz, offen, ehrlich, fair und konstruktiv ist. Und dann nicht nur, wenn es uneingeschränkt positiv ausfällt!

▶ Vielleicht ist eine flexible Arbeitszeitregelung während der Projektlaufzeit für den Mitarbeiter und für Sie von Vorteil? Dann sollten Sie es auf jeden Fall versuchen.

▶ Wenn es Budget und Unternehmenskultur zulassen, sind Incentivereisen eine besondere Möglichkeit, Dankbarkeit auszudrücken, die Motivation zu steigern und das Team zu formen. Aber auch ein gemeinsamer Ausflug oder der Besuch des Weihnachtsmarktes kann schon kleine Wunder wirken.

Besonders wichtig ist die Motivation, wenn es Schwierigkeiten im Projekt gibt, aber eben nicht nur. Motivation ist der Kitt, der Ihr Team zusammenhält, und gleichzeitig das Öl, das die Prozesse »schmiert« und somit am Laufen hält. Ohne Motivation fallen die einzelnen Teile auseinander oder arbeiten isoliert voneinander, und die Prozesse geraten ins Stocken. Ihr Team zu motivieren ist daher eine der besten Angewohnheiten, die Sie sich im Projektmanagement antrainieren können.

Der Mensch ist immer noch der beste Computer. (John F. Kennedy)

5 Ein ungleicher Haufen – das Projektteam

Was ist der Kern von Projekten, warum gibt es Projektmanagement überhaupt, und was ist der Grund dafür, dass man Projektmanagement keinem Computer überlassen kann? Es sind die Menschen, die ein Projekt zum Erfolg führen, und es ist Ihre Aufgabe, sie dorthin zu bringen – trotz der verschiedenen Interessen, der unterschiedlichen Erwartungen, einer besseren oder schlechteren Ausbildung, unterschiedlicher persönlicher Motive und all der sonstigen Eigenschaften, die uns voneinander unterscheiden. Wenn es erst richtig knirscht und kracht im Gebälk, sind die Fähigkeiten eines Projektmanagers am meisten gefragt. Denn am Ende zählen weder Animositäten noch Unlust, sondern nur, ob Sie das Projekt erfolgreich zu Ende führen können und wo Sie im magischen Dreieck zwischen Qualität, Kosten und Zeit landen werden. Diese Aufgabe wird nicht unbedingt leichter dadurch, dass Projektarbeit vielfach nur eine Querschnittsaufgabe vieler Projektmitglieder ist, eine Aufgabe, die sowohl mit der eigenen Hauptaufgabe konkurriert als auch möglicherweise mit anderen Projekten, die parallel laufen.

Es menschelt also. Und das ist Grund genug für ein eigenes Kapitel, das in der Praxis häufig zu kurz kommt. Beginnen wir mit den Akteuren eines Projekts.

5.1 Erwartungen allenthalben – die Player im Überblick

Man sagt, Enttäuschungen wären nur das Ergebnis falscher Erwartungen. Manchmal ist das gar nicht so verkehrt. Vielleicht ist das Budget für Ihr Projekt knapp, oder es mangelt an der nötigen Zeit, manchmal trifft auch beides zu; an Erwartungen besteht jedoch nie ein Mangel, denn wo Menschen sind, sind auch Erwartungen.

Die in diesem Kapitel vorgestellten Rollen sind häufig nicht als solche explizit benannt. Sie finden sich aber in vielen, wenn nicht sogar in den meisten Projekten. Es sind Steckbriefe, anhand derer Sie die Mitarbeiter erkennen und zuordnen können. Denn ein guter Projektleiter kennt seine Mitspieler und ihre Erwartungen, weil das der erste Schritt ist, um ihnen gerecht zu werden und um darauf Einfluss nehmen zu können.

5.1.1 Der Auftraggeber

Für den Auftraggeber trifft die Devise zu: »Wer zahlt, schafft an.« Das bedeutet, er hält das Budget in den Händen, entweder weil es sein eigenes Geld ist oder weil er dafür bevollmächtigt wurde. In beiden Fällen ist es sein Kopf, der rollt, wenn das Projekt scheitert. Auftraggeber wissen meist um die Eigendynamik von IT-Projekten und sind daher manchmal etwas nervöser als andere Projektbeteiligte, wenngleich es eine Mär ist, dass sie morgens schweißgebadet aufwachen.

Die Erwartungen des Auftraggebers sind folgende:

▶ Das Projekt darf nicht scheitern (von wegen des rollenden Kopfes).

▶ Das Budget darf nicht über ein gewisses Limit gehen (weil er die Überschreitung dann selbst erklären, beantragen und vertreten muss).

▶ Er will rechtzeitig informiert werden, zumindest dann, wenn sich etwas am Horizont zusammenbraut, und auf jeden Fall früh genug, dass er noch Einfluss auf das Geschehen nehmen kann.

▶ Er möchte wesentliche Entscheidungen über Zeit, Qualität und Geld gerne selbst treffen.

▶ Er möchte gerade so viele Informationen erhalten, dass er den Stand und die weiteren Aussichten des Projekts selbst beurteilen kann.

▶ Da er persönlich das Risiko trägt, möchte er auch gerne seinen Anteil am Projekterfolg haben.

Auftraggeber kann im Grunde jeder sein, ob Ihr Chef, ein Geschäftsführer, ein Bereichsleiter oder auch der »klassische« Kunde. Für Sie als Projektleiter ist der Auftraggeber der wichtigste Ansprechpartner, und Sie sind wiederum sein wichtigster Ansprechpartner. Nehmen Sie sich also die nötige Zeit dafür, die Beziehung aufzubauen und zu pflegen. Sie sind voneinander abhängig – der Auftraggeber kann das Projekt nicht selbst leiten, sein Wohl und Wehe hängt daher unmittelbar von Ihnen ab; aber auch Sie brauchen den Auftraggeber, seine Unterstützung, seinen Einfluss oder auch sein Einverständnis, wenn die Ziele verändert, die Zeit überschritten oder das Budget erhöht werden muss. Eine gute Beziehung hält auch hier mehr aus als eine rein flüchtige Bekanntschaft.

Gelegentlich kommt es vor, dass der Auftraggeber nur ein Mittelsmann ist, ohne eigene Entscheidungskompetenz oder nur mit stark eingeschränkten Möglichkeiten ausgestattet. Dieses Szenario trifft man häufig in größeren Unternehmen an, wenn die Geschäftsführung Projekte einleitet (und ein vitales Interesse daran hat), aber selbst die Rolle des Auftraggebers nicht erfüllen kann oder möchte. Das sollten Sie dann unbedingt vorher wissen.

Tipps zum Umgang mit dem Auftraggeber

▶ Es liegt nahe, dass Sie ihn erst einmal kennen müssen, was in der Praxis leider gar nicht so selbstverständlich ist.

▶ Sie sollten sich regelmäßig mit ihm treffen, vereinbaren Sie dazu einen »Jour fixe«, also einen festen Termin.

▶ Bereiten Sie jede Kommunikation mit ihm gut vor, seien Sie konkret, präzise, und fassen Sie sich kurz.

▶ Auftraggeber lieben Pläne, sie geben ihnen Sicherheit. Halten Sie Ihren Auftraggeber also stets auf dem aktuellen Stand.

▶ Vergessen Sie nicht, auch Erfolge zu erwähnen. Kommen Sie nicht nur mit Problemen zu ihm.

▶ Besprechen Sie mögliche Risiken mit ihm. Ein Auftraggeber hat auch Pflichten, nämlich die Pflicht, über den Budget- oder Zeitrahmen zu entscheiden und sich über das Projekt zu informieren.

▶ Finden Sie möglichst heraus, welche Spielräume er hat und welche er für Ihr Projekt sieht.

▶ Ist der Projektleiter nur ein Mittelsmann? Dann sorgen Sie dafür, dass Sie auch mit der Entscheiderebene kommunizieren – naturgemäß eingeschränkt, aber dennoch auch hier regelmäßig.

Der Auftraggeber ist aber vielleicht nicht die einzige einflussreiche Person, möglicherweise gibt es auch in Ihrem Unternehmen und für Ihr Projekt eine »graue Eminenz«, eine einflussreiche Person, die im Hintergrund die Fäden zieht? Ein allzu direkter Umgang mit dieser Person verbietet sich von selbst, denn sie möchte ja gerade im Hintergrund ihren Einfluss ausüben. Dennoch kann es nicht schaden, wenn Sie davon wissen. Oft sitzen solche Personen im Lenkungsausschuss, und Sie können dann in der Sitzung deren Erwartungen kennenlernen und entsprechend darauf reagieren.

Aus der Praxis

Vor einigen Jahren betrieb mein damaliger Arbeitgeber eine komplexe Rechtsdatenbank, in die bereits erhebliche Mittel geflossen waren, ohne dass ein Erfolg absehbar gewesen wäre – was auch maßgeblich an der verwendeten Technologie lag. Der erwartete Erfolg wäre in etwa so wahrscheinlich gewesen, als würde die Regierung Benjamin Blümchen zum neuen Regierungssprecher ernennen.

So fand eine Sitzung zum Thema statt. Die graue Eminenz war sofort als solche zu erkennen – an den grauen Haaren (nein, natürlich nicht nur daran). Alle Beteiligten waren voll des Lobes für das Projekt und erläuterten, warum das Projekt schon bald ein Erfolg sein würde. Allein die graue Eminenz war skeptisch. Und so wurde das Projekt schon bald darauf eingestellt.

5.1.2 Der Projektleiter

Nun geht es um Sie, den Projektleiter. Für Sie ist dieses Buch ja gemacht.

Auch ein Projektleiter hat natürlich Erwartungen:

▶ Auch er möchte ein Scheitern des Projekts vermeiden, und zwar aus ganz persönlichen Gründen (es ist ja sein Projekt) und auch um Ansehen und Karriere zu fördern und nicht zu gefährden.

▶ Seine Entscheidungen möchte er eigenständig treffen können, er will also die nötige Kompetenz besitzen, um seine Aufgabe ausfüllen zu können. Dazu gehört auch, dass er über sein Budget frei verfügen kann.

▶ Er möchte, dass ihm der Auftraggeber vertraut und seine Entscheidungen nicht dauernd hinterfragt oder korrigiert.

▶ Seine Projektmitglieder sollen ihre Leistungen termin- und qualitätsgerecht erbringen. Er wünscht sich, dass diese das Projekt genauso wichtig nehmen wie er.

Er muss dazu einige Eigenschaften mitbringen, zum Beispiel eine gewisse Hartnäckigkeit sowie eine natürliche Ausdauer und Belastbarkeit. Er darf sich nicht leicht aus der Ruhe bringen lassen und benötigt die Fähigkeit, Dinge aus verschiedenen Blickwinkeln und »von oben« betrachten zu können. Gute Projektmanager behalten den Überblick und sind zudem ideale Risikomanager. Natürlich muss er das Projektthema auch fachlich beherrschen und Kenntnisse des Projektmanagements mitbringen. Wenn sich jetzt noch Kommunikations- und Durchsetzungsstärke paaren, dann haben wir zwar ein Idealbild geschaffen, aber durchaus eines, das hin und wieder vorzufinden ist.

In der Praxis trifft man häufig auf einen Typus, den ich gerne den »uneigentlichen Projektmanager« nenne. Er ist kein echter Projektmanager, weil andere die Strippen ziehen, zum Beispiel sein Vorgesetzter, der Auftraggeber oder manchmal sogar seine Projektmitglieder. Nicht immer ist das schon zu Beginn eines Projekts so, manchmal kristallisiert sich diese uneigentliche Projektleitung auch erst mitten im Projekt heraus.

Die folgende Checkliste soll Ihnen dabei helfen, diese Situation zu erkennen. Im Anschluss daran erläutere ich Ihnen, wie Sie im Falle des Falles gegensteuern können.

Checkliste »uneigentliche Projektleitung«

▶ Haben Sie ein Budget zur Verfügung?

▶ Können Sie dieses ohne Rücksprache einsetzen? Seien Sie hier bitte realistisch, die uneingeschränkte Lizenz zum Geldausgeben gibt es nur in Hollywood-Filmen. Ein gewisses Maß an Kontrolle und Freizeichnung, vor allem bei größeren Ausgaben, ist normal.

▶ Sind Sie hinsichtlich Ihrer Vorgehensweise und Projektplanung so frei, dass Sie auch dazu stehen können?

▶ Haben Sie die fachliche Führung in der Hand, können Sie also Arbeitsaufträge erteilen?

▶ Gibt es andere, die Ihnen Ihre Kompetenzen immer wieder streitig machen wollen?

▶ Ist das Maß an Kontrolle in Ihrem Projekt noch akzeptabel?

Der Übergang zwischen echter und uneigentlicher Projektleitung ist fließend. Auch die Unternehmenskultur, Erfahrungen aus anderen Projekten oder die Risikobereitschaft des Auftraggebers spielen hier eine Rolle.

Wenn Sie nun feststellen, dass Ihr Projekt eher einem Marionettentheater gleicht, was können Sie dann tun?

Zunächst einmal können und sollten Sie selbstkritisch sein. Haben Sie ein wenig dazu beigetragen, dass die Situation so ist, wie sie ist? Vielleicht durch Verschleppung von Terminen, durch zu wenig und zu ungerichtete Kommunikation oder durch Überstrapazierung von Budget und Geduld wichtiger Beteiligter? Dann wäre jetzt ein wenig Einsicht gefordert, die Sie in einem Gespräch mit eben diesen Beteiligten offenbaren sollten.

Ansonsten hängt es davon ab, ob sich diese Situation erst im Verlauf des Projekts ergeben hat. Ist dies der Fall, sollten Sie den Grund dafür herausfinden, am besten in einem direkten Gespräch mit dem Auftraggeber. Nicht selten werden Sie dann herausfinden, dass dieser selbst unter Erfolgsdruck gesetzt wird. Das wäre dann eine prima Gelegenheit, um sich zu verbünden. Hatten Sie von Anfang an schon schlechte Karten, dann ist jetzt der Zeitpunkt gekommen, einen Projekt-Reset durchzuführen. Wie das geht, erfahren Sie in Kapitel 7, »Flaute oder raue See? Projektdurchführung und Projektcontrolling«.

5.1.3 Der Teilprojektleiter

Man könnte glauben, der Teilprojektleiter übernähme einen Teil der Verantwortung für das Projekt. Aus seiner Sicht mag das zutreffen, aus Sicht des Projektleiters allerdings nicht. Probleme und Erfolge fallen immer die Leiter hinauf nach oben. Wenn ein Satellit beim Start in Rauch aufgeht, fragt in der Öffentlichkeit niemand nach dem Teilprojektleiter für die Triebwerkssteuerung.

Teilprojektleiter haben für Sie als Projektleiter den Vorteil, dass sie Ihnen eine ganze Menge an Organisation und Entscheidungen abnehmen können. Sie können sich dann mehr auf die Ergebnisse konzentrieren und das Wie den Teilprojektleitern überlassen. Ansonsten gilt das, was ich in Abschnitt 5.1.5, »Die Kontrolleure«, noch erläutern werde.

5.1.4 Die Fachmitarbeiter

Kennen Sie Herbert? Das ist der bemitleidenswerte Zeitgenosse, der auf dem Bau arbeitet, während Projektleiter, Bauleiter, Controller, Ingenieure und ein Dutzend weiterer Führungskräfte um ihn herumstehen und ihm mit Rat und Planung Beistand leisten. Viel Rat also und wenig Tat.

Nun, ganz so schlimm ist es nicht, aber bisher war ausschließlich von Führung und Kontrolle die Rede. Nun soll es um die Facharbeiter gehen, die den Karren aus dem Dreck ziehen (und manchmal leider auch hinein). Es sind dies Mitarbeiter, die die sogenannten Vorgänge ausführen, die also die Arbeit im Projekt leisten. In IT-Projekten sind das oft Mitarbeiter aus den Fachabteilungen, also Entwickler, Tester und Produktmanager. Es ist völlig »wurscht«, wie wir hier in Bayern zu sagen pflegen, woran ein Projekt scheitert. Fakt ist aber, dass es mehr Facharbeit als Projektleiter, Auftraggeber und Manager gibt und deshalb die Führung dieser Mitarbeiter ein zentraler Schlüssel zum Projekterfolg ist.

Was aber erwarten diese Mitarbeiter?

▶ wenig Arbeit und Mühe mit Ihrem Projekt (Sorry, aber Sie wollen hier doch die Wahrheit erfahren, oder nicht?)

▶ Vereinbarkeit von Tagesgeschäft und Projektarbeit

▶ Anerkennung (persönlich und/oder finanziell) für die zusätzliche Mühe, die das Projekt verursacht

▶ Realismus hinsichtlich Terminen und Machbarkeit von Aufgaben

▶ Überblick und Planbarkeit ihrer Beiträge für das Projekt

▶ weder Über- noch Unterforderung

▶ Gerechtigkeit, insbesondere eine faire Aufteilung der Arbeit untereinander und ein fairer Umgang miteinander

▶ Sie wollen sehen, wie ihre Unterstützung das Projekt voranbringt.

▶ Spaß und Freude an der Arbeit

Das ist eine Menge – zumindest ist es mehr, als die meisten angehenden Projektleiter vermuten würden. Es wird Sie nicht verwundern, wenn ich Ihnen erzähle, dass zahlreiche Misserfolge darauf zurückzuführen sind, dass Projektleiter ihren Teammitgliedern nicht die nötige Aufmerksamkeit widmen. Sie sind zu sehr »nach oben« hin orientiert und handeln nach der naiven Annahme: gesagt, getan.

In Kapitel 7, »Flaute oder raue See? Projektdurchführung und Projektcontrolling«, erfahren Sie mehr zum lebenswichtigen Thema Projektcontrolling, hier nun einige allgemeinere Empfehlungen zum Umgang mit Ihrem Projektteam.

Tipps zum Umgang mit dem Projektteam

▶ Treffen Sie keine voreiligen Annahmen. Sprechen Sie mit Ihrem Team, um deren Sichtweise kennenzulernen, und das laufend.

▶ Sie benötigen keine Bestätigungen (»Ja, das werde ich schon hinkriegen«), sondern Commitment (»Ja, ich weiß, dass das wichtig ist, und ich werde es schaffen«).

▶ Achten Sie auf das Verhältnis der Teammitglieder untereinander, und entwickeln Sie eine Antenne für deren Sorgen, Ängste und Nöte. Auch der Flurfunk kann wichtig sein.

▶ Achten Sie unbedingt auf Gerechtigkeit innerhalb Ihres Teams.

▶ Machen Sie Ihren Erfolg zum Erfolg Ihres Teams. Keine Sorge, es bleibt noch genügend für Sie übrig.

▶ Erläutern Sie immer, worin der Sinn einer Aufgabe besteht und was ein Mitarbeiter davon hat, wenn er sich für Sie ins Zeug legt.

▶ Machen Sie sich immer ein genaues Bild von der Arbeitslage eines Mitarbeiters, bevor Sie Annahmen über dessen freie Kapazitäten machen.

▶ Halten Sie Kontakt zu den disziplinarischen Vorgesetzten Ihrer Teammitglieder. Sie werden sie im Laufe des Projekts noch häufig benötigen.

▶ Lernen Sie Ihre Teammitglieder kennen, ihre Kompetenzen, Stärken und Schwächen. Sie werden aus einem Kamel kein Rennpferd machen können, umgekehrt funktioniert das allerdings auch nicht. Es kommt immer darauf an, jeden gemäß seinen Fähigkeiten einzusetzen.

In anderen Kapiteln gehe ich noch näher auf die Beziehung zwischen Projektleiter und Team ein.

5.1.5 Die Kontrolleure

Mit »Kontrolleuren« sind hier alle Instanzen gemeint, die den Projektverlauf und den Projekterfolg überwachen und im Bedarfsfall gegensteuern möchten. Das kann der klassische Lenkungsausschuss sein, in kleineren Projekten aber auch der Geschäftsführer, der Abteilungsleiter oder einfach Ihr Chef.

Die Personen, die diese Aufgabe wahrnehmen, sind natürlich ein ganzes Stück weg von der operativen Führung des Projekts, über das sie befinden sollen. Entsprechend lückenhaft ist ihre Gesamtschau, aber das würden sie natürlich niemals zugeben.

Die Erwartungen sind:

► An erster Stelle steht: Keine Probleme – das Projekt soll so rundlaufen wie der Achtzylindermotor des Lenkungsausschussvorsitzenden.

► Das Projekt soll wenig Aufwand für die Kontrolle verursachen.

► Alle Präsentationen und Unterlagen müssen so kurz, übersichtlich und aussagekräftig sein, dass sie in kürzester Zeit im Bilde sind.

► Ehrlichkeit, die vielleicht wichtigste Erwartung, die aber selten ausgesprochen wird.

► Die Bereitschaft des Projektleiters, im Kontrollgremium getroffene Entscheidungen zu akzeptieren und umzusetzen.

Die meisten Projektleiter mögen sie nicht, die Kontrolleure, weil sie ihre Arbeit bewerten (dazu noch ohne alle Fakten zu kennen) und sie unter Druck setzen. Hinzu kommen ein im Management relativ häufig anzutreffendes Maß an Selbstüberschätzung und die Neigung, Entscheidungen an sich reißen zu wollen.

Also, wenn ich Ihnen einen Tipp geben darf: Spannen Sie doch das Kontrollgremium für Ihre eigenen Zwecke ein! Dort getroffene Entscheidungen sind verbindlich, und Ihre Leistungen werden bemerkt, und zwar von den richtigen Leuten. Machen Sie also das Kontrollgremium zu Ihrer Bühne. Wie?

Tipps zum Umgang mit dem Kontrollgremium

▶ Vorbereitung ist alles. Bereiten Sie jedes Treffen sorgfältig vor, und achten Sie auch auf die Kleinigkeiten wie Rechtschreibung oder Formatierung.

▶ Verzichten Sie auf Details, und verwirren Sie die Teilnehmer nicht mit Fachausdrücken, die nicht allgemein verständlich sind.

▶ Es geht in aller Regel nicht um Sie, sondern um Ihr Projekt. Behalten Sie diese Erkenntnis immer im Kopf, um sich nicht persönlich angegriffen zu fühlen.

▶ Auch wenn es manchmal anders aussehen mag: Die Mitglieder des Kontrollgremiums wissen ganz genau, dass Probleme zum Alltag gehören, erst recht in der IT. Sprechen Sie auftretende Probleme direkt an – sachlich und zunächst ohne jede Wertung.

▶ Bieten Sie immer Lösungen für Probleme an, wenn möglich mindestens zwei; Manager lieben es, Entscheidungen zu treffen.

▶ Gut verkauft ist halb gewonnen – üben Sie sich in der Kunst der Präsentation.

▶ Übertreiben Sie nicht, sonst verlieren Sie schnell an Glaubwürdigkeit.

▶ Wenn Sie eine Entscheidung brauchen, kündigen Sie das vorher am besten an, sodass sich die Mitglieder des Gremiums darauf einstellen können.

Für gewöhnlich sollten Besprechungen regelmäßig stattfinden, je nach Dauer und Komplexität des Projekts alle ein bis drei Monate. Manchmal werden sie aber auch nach jeder Projektphase einberufen. Und denken Sie daran: Auch Sie können eine Besprechung initiieren, wenn Sie das für erforderlich halten.

5.2   Sitzungs-Knigge für Projektleiter

Herrje, was habe ich mich schon in Besprechungen gelangweilt! In besonders krassen Fällen spiele ich gerne einmal Bullshit-Bingo. Das kennen Sie nicht? Sie malen ein Gitter auf (sagen wir 5x5) und schreiben in jede Zelle eines dieser Wörter, die Phrasendrescher gerne verwenden. Einige Vorschläge dafür: »ergebnisorientiert«, »Wertschöpfung«, »zielführend« oder

»Synergie«. Immer wenn Sie ein solches Wort hören kreuzen Sie es an. Sobald eine Reihe gefüllt ist (horizontal, vertikal oder diagonal), stehen Sie auf und rufen laut: »Bullshit!« Okay, den letzten Teil des Spiels sollten Sie vielleicht besser auslassen, erfreuen Sie sich lieber an Ihrer Reihe im Stillen. Besonders praktisch: Für das iPad gibt es inzwischen eine App dafür.

Aber im Ernst: Es gibt nichts Schlimmeres als schlecht vorbereitete und schlecht durchgeführte Besprechungen. Ein kleines Beispiel gefällig?

Aus der Praxis

In einem Unternehmen, für das ich einmal tätig war, war der Inhaber besonders anfällig für langatmige und schlecht vorbereitete Besprechungen. Er ist dann einfach eingeschlafen! Das kann mitunter recht irritierend sein. Seit dieser Zeit achte ich vermehrt darauf und vereinbare Besprechungen außerdem nie wieder unmittelbar nach der Mittagszeit.

In Ratgebern und im Web finden Sie viele gute Ratschläge für die Vorbereitung, Durchführung und Nachbereitung von Besprechungen. Das Wichtigste fehlt aber erstaunlich häufig:

Eine Besprechung ist dann eine gute Besprechung, wenn sie für alle Teilnehmer unterhaltend ist.

Das ist dann der Fall, wenn

▶ sie relevant für das Aufgabengebiet der Teilnehmer ist,

▶ die Teilnehmer etwas zur Diskussion beitragen können,

▶ Aufmachung und Moderation selbst unterhaltsam sind,

▶ sie nicht zu lang ist.

Wenn Sie das beachten, ist das Wichtigste bereits gesagt. Bevor ich zu den Details komme, lassen Sie mich noch eine Erkenntnis aus der Praxis beisteuern:

Im Gegensatz zur landläufigen Meinung sind das größte Problem in der Regel nicht zu viele Besprechungen, sondern all diejenigen Besprechungen, die wichtig wären, aber leider ausbleiben, und die vielen Besprechungen, die länger sind als nötig und bei denen die falschen Teilnehmer eingeladen wurden.

Besprechungen sind notwendig, trotz – oder gerade wegen – der heutigen Kommunikationsmöglichkeiten. Nichts schlägt die Spontanität und den Informationsgehalt gut gemachter Besprechungen. Sie können sofort auf Einwände reagieren, die Teilnehmer beobachten, ein verbindliches Commitment einholen und sofort auf Rückfragen eingehen. Die Teilnehmer können sich nicht hinter der Technik verstecken, sondern stehen im Wort – persönlich und unmittelbar. Sie erhalten Ergebnisse statt Lesebestätigungen. Damit eine Besprechung wirklich zu einem Erfolg wird, sollten Sie aber einige Grundsätze beachten, die ich Ihnen im Folgenden aufzeigen möchte.

Take away

▶ Natürlich sollten Sie zunächst überlegen, ob eine Besprechung wirklich das Mittel der Wahl ist. Eine Besprechung eignet sich besonders dann, wenn sich eine Diskussion ergeben soll, Rückfragen erwartet werden oder um komplexe Sachverhalte im Dialog zu erörtern. Außerdem können Sie sicher sein, dass alle Teilnehmer den Inhalt auch wirklich mitbekommen. Trifft das nicht zu, greifen Sie lieber zu Telefon oder E-Mail-Client.

▶ Überlegen Sie sich das *Ziel* der Besprechung, und formulieren Sie es. Zum Beispiel: »Ziel ist es, dass alle Teilnehmer den Projektplan kennen und die nächsten Schritte mittragen.« Das ist wichtig, weil Sie nur so am Ende der Besprechung beurteilen können, ob Sie Ihr Ziel erreicht haben oder ob weitere Schritte nötig sind.

▶ Natürlich müssen die Rahmenbedingungen stimmen: Termine, Ort und Dauer der Besprechung; daran hapert es aber nur in den seltensten Fällen. Wenn Sie etwas vorbereiten müssen oder die Dauer der Besprechung nur schwer abschätzen können, sollten Sie den Raum länger buchen, als die Besprechung voraussichtlich dauern wird. Bei längeren und kontroversen Besprechungen kann es hilfreich sein, wenn Sie eine externe »Location« buchen.

▶ Viele Ratgeber empfehlen, eine detaillierte Agenda zu erstellen. Das kann sinnvoll sein, besonders wenn die Besprechung länger dauert und viele Punkte umfasst. In den meisten Fällen genügt es aber völlig, wenn Sie nur die zu besprechenden Punkte auflisten, ohne für jeden Punkt einen Zeitpunkt festzulegen.

▶ Lassen Sie besondere Sorgfalt bei der Auswahl der Teilnehmer walten. Die Frage: »Wer kann etwas beitragen?« ist wichtiger als die Wahrung der Hierarchie.

▶ Laden Sie nun die Teilnehmer ein, und hängen Sie die Agenda an. Finden Sie ruhig ein paar motivierende Worte dafür, warum die Teilnehmer etwas davon haben, wenn sie teilnehmen.

▶ Achten Sie auf Pünktlichkeit, aber geben Sie nicht den Oberlehrer.

▶ Bei längeren Besprechungen sollten Sie einen *Timekeeper* bestimmen, der die Zeit im Auge behält – für die Themen, aber auch für die Pausen. Ich rauche zwar selbst nicht, habe aber immer ein Herz für Raucher.

▶ Führen Sie durch die Besprechung – eher wie ein launiger Unterhalter als ein dröger Politiker. Vergessen Sie nicht die Begrüßung, die Nennung der Agenda (ja, es gibt Teilnehmer die unvorbereitet kommen) und das Besprechungsziel.

▶ Beziehen Sie Ihre Teilnehmer mit ein, indem Sie Fragen stellen und Diskussionen zulassen, allerdings ohne dass diese allzu sehr ausufern.

▶ Vermeiden Sie Besprechungen zu blutzuckerschwachen Zeiten, um den müdigkeitsbedingten toten Punkt bei Ihren Teilnehmern zu umgehen.

▶ Die Technik muss funktionieren. Achten Sie auch auf scheinbare Kleinigkeiten, zum Beispiel frische Whiteboard-Stifte oder die Lesbarkeit Ihrer Folien auch auf den hinteren Plätzen.

▶ Erstellen Sie ein Protokoll der Besprechung, und verteilen Sie es kurz nach der Besprechung persönlich. Eine Vorlage finden Sie wieder auf der Bonus-Seite zum Buch.

So, das wären die Grundlagen. Sie sind nützlich, keine Frage, aber es gibt auch das Bauchgefühl während einer jeden Besprechung, das Sie nicht ignorieren sollten. Ein Teilnehmer redet zu lange, sodass Sie selbst schon unruhig werden? Unterbrechen Sie ihn höflich. Einige Teilnehmer melden sich nicht zu Wort? Stellen Sie aktive Fragen. Lassen Sie keinen Zweifel daran, dass Sie die Besprechung leiten – und ein Ergebnis erwarten.

Natürlich müssen Sie dafür selbst gut vorbereitet sein. Es gibt Teilnehmer, die bereits beim Anblick einer PowerPoint-Präsentation in Tiefschlaf verfallen. Vielleicht versuchen Sie es zwischendurch mal mit altmodischen Moderationskarten? Oder wechseln wenigstens gelegentlich die Power-

Point-Vorlage? Wie anfangs gesagt: Wenn die Teilnehmer bei der Stange bleiben sollen, dann müssen Sie diese unterhalten – und das geht am besten, wenn Sie sie mit einbeziehen.

Für kürzere Treffen eignet sich auch einmal eine »Stehung«, also eine Besprechung, bei der alle Teilnehmer stehen. Treffen Sie sich dafür an Bistrotischen, am besten bei einer duftenden Tasse Kaffee.

5.3 Der Projektleiter als Zeitdieb – oder: So werben Sie um Ihr Projektteam

Betrachten wir es einmal ganz nüchtern: Sie sind ein Zeitdieb! Sie stehlen den ohnehin überforderten Abteilungen einen Teil ihrer Arbeitszeit, die sie doch so nötig für ihre eigenen Ziele bräuchten. Ein schlechtes Gewissen müssen Sie deswegen nicht haben, es ist schließlich ihr Job, genau das zu tun. Aber Sie können von Ihren Projektteammitgliedern und deren Vorgesetzten nicht erwarten, dass Sie das Ganze sehen und die Gründe, warum gerade Ihr Projekt für das gesamte Unternehmen so wertvoll und wichtig ist. Es gilt erst einmal das schöne Sprichwort: »Mir ist das Hemd näher als der Rock.« Und Sie stehen mit Ihrem Projekt vermutlich auch nicht allein da: Projekte gibt es in der Regel wie Sand am Meer, und manch ein Mitarbeiter kommt vor lauter Projekten kaum noch zu seiner eigentlichen Tätigkeit. Sie stehen also in Konkurrenz zu anderen Projektleitern, die gleichfalls um Kapazitäten buhlen (oder vielmehr um Ressourcen, wie das heutzutage heißt).

Wenn die Nachfrage größer ist als das Angebot, dann gilt ein einfaches Gesetz der freien Marktwirtschaft: Sie müssen um Ihr Projekt werben. Natürlich könnten Sie sich einfach darauf berufen, dass Sie als Projektleiter die Autorität und Kompetenz besitzen, das Projekt voranzubringen. Wundern Sie sich dann aber nicht, wenn Sie statt Sterneküche biedere Hausmannskost vorgesetzt bekommen. Und wenn Sie Pech haben, werden Sie davon noch nicht einmal richtig satt.

Das richtige Timing, die richtige Vorbereitung, die richtigen Inhalte und die richtigen Adressaten, das sind die vier Schlüsselkriterien dafür, dass Ihr Projekt unterstützt wird. Entscheidend sind diese vor allem in den drei in den folgenden Abschnitten erläuterten Phasen.

5.3.1 Phase 1: Kennenlernen

Das Kennenlernen kann im Kickoff-Meeting stattfinden (siehe Kapitel 3, »Wie am Schnürchen – wie Projekte ablaufen (sollten)«) – oder besser noch: während eines eigens dafür festgelegten Termins. Sie sollten sich dafür persönlich treffen und sich ausreichend Zeit nehmen. Mitarbeiter wollen, dass man um sie wirbt, und das funktioniert nicht auf dem Gang.

Das richtige Timing

Der richtige Zeitpunkt richtet sich nach der Beteiligung der Mitarbeiter. Das Treffen soll so zeitig erfolgen, dass die Mitarbeiter sich auf ihre Aufgaben einstellen können, aber wiederum nicht so früh, dass sie bereits wieder vergessen haben, worum es ging, wenn es dann tatsächlich für sie losgeht. Ideal ist ein Treffen daher in der Regel vier bis acht Wochen vor Projektbeginn. Natürlich haben Sie sich bereits während der Planung intensiv mit den Rollen und Aufgaben Ihres Projektteams beschäftigt, aber das ist vielleicht schon eine Weile her, und auch die Termine waren noch nicht so konkret, dass Sie auf den Tag genau sagen konnten, wann welche Leistung erbracht werden soll. Es geht also zusätzlich auch darum, den aktuellen Stand zu vermitteln bzw. selbst zu erfahren.

Die richtige Vorbereitung

Sie sollten den Projektplan vorab verteilen, nicht den gesamten Projektplan, sondern die relevanten Meilensteine und wirklich wichtige Details. Eventuell werden Sie den Teil des Plans, der die Adressaten direkt betrifft, ausführlicher formulieren. Eine kurze Projektbeschreibung hilft, damit sich die Teilnehmer schon einmal auf das Projekt einstellen können – nicht jeder liebt Überraschungen.

Die richtigen Inhalte

Das wird Ihr Projektteam interessieren:

▶ Worum geht es in Ihrem Projekt konkret?

▶ Warum ist es wichtig, was hat der Einzelne davon und was das gesamte Unternehmen?

▶ Warum ist es interessant, daran mitzuarbeiten?

▶ Was ist genau zu tun, was wird von mir als Projektmitarbeiter erwartet?

- ▶ Wie viel Arbeit wird in welchem Zeitraum anfallen?
- ▶ Wer ist sonst noch beteiligt?
- ▶ Wie ist das Projekt grob organisiert, wann beginnt (oder begann) es, wann ist es zu Ende, was sind die wichtigsten Meilensteine?
- ▶ Wo stehen wir aktuell mit dem Projekt?
- ▶ Wie passt das Projekt in die Organisation hinein, und wie passt es mit anderen Projekten zusammen?

Und das sollte Sie interessieren:

- ▶ Wie ist die Arbeitsbelastung der einzelnen Projektmitglieder?
- ▶ An welchen anderen Projekten arbeiten diese gerade mit?
- ▶ Gibt es aktuell Probleme, zum Beispiel eine übermäßige Fluktuation, Überlastung oder Zwist?
- ▶ Wie ist die Meinung über Ihr Projekt, zumindest die erste »Bauchmeinung«?
- ▶ Wer steht zur Verfügung, wer kann was beitragen (auch abweichend von der Planung)?
- ▶ Stehen Urlaube an, müssen Überstunden abgefeiert werden, oder sind sonstige Abwesenheiten geplant?

Wenn Sie sich an diesen Fragen orientieren und für Kaffee und Kekse sorgen, kann eigentlich nichts mehr schiefgehen. Vermutlich wird man Sie sogar dafür loben, dass Sie sich diese Mühe überhaupt gemacht haben.

Die richtigen Adressaten

Für diese Phase gilt das Motto: lieber zu viel als zu wenig Teilnehmer. Wenn Sie einen Mitarbeiter Ihres Teams vergessen, könnte man Ihnen das übel nehmen. Außerdem müssen jetzt auch die disziplinarischen Vorgesetzten (zumindest zeitweise) teilnehmen, denn diese müssen Sie ebenfalls unterstützen, und sie gehören daher auch zum Projektteam – wenn auch ein wenig indirekter.

5.3.2 Phase 2: mittendrin

Auch hier kann das Marketing als Vorbild dienen: Wer aufhört zu werben, wird noch eine Weile verkaufen, irgendwann versiegt aber die Kauflust. Bitte vergessen Sie nicht: Ihr Projektteam wird Sie am ehesten unterstützen, wenn es einen Sinn darin sieht und erkennt, dass das Projekt gut vorankommt. Genau dieses Gefühl müssen Sie vermitteln.

Das richtige Timing

Optimal geeignet dafür sind:

- das Erreichen wichtiger Meilensteine
- das Erreichen von Zwischenzielen (wenn die nächsten Meilensteine noch zu weit entfernt sind)
- wichtige Veränderungen im Projekt

Das kann auf vielfältigen Wegen erfolgen. Persönlich (eher selten), per E-Mail (am häufigsten), durch Präsentation auf einer Betriebsversammlung oder als Bericht in der Mitarbeiterzeitung. Wichtig dabei ist es, die Mitarbeiter bei der Stange zu halten und sie zu motivieren, damit sie das Projekt weiterhin unterstützen.

Die richtige Vorbereitung

Das Beste, was Sie tun können, ist, die Informationen möglichst kurz und unterhaltsam aufzubereiten. Wenn Sie dabei immer an den Leser (oder Zuhörer) denken, sind die Voraussetzungen gut, dass diese auf fruchtbaren Boden fallen.

Die richtigen Inhalte

Sinnvolle Inhalte sind:

- Erläuterung der letzten Erfolge (und warum diese wichtig für das Projekt waren)
- kurze Nennung der nächsten Schritte
- Danksagung an die beteiligten Personen
- kurzer Überblick über das Projekt
- wichtige News und Updates im Projekt

Die richtigen Adressaten

Die richtigen Adressaten sind immer diejenigen, die ein Interesse an der Information haben oder dieses nach dem Konsumieren der Information entwickeln könnten. Die meisten Projekte leiden an einem Zuwenig an

Informationen, nicht an einem Zuviel (und ohnehin daran, dass die Informationen selten an den Adressaten ausgerichtet werden).

5.3.3 Phase 3: am Ende

Ende bedeutet hier nicht zwangsläufig das Ende des Projekts, es kann auch das Ende einer Mitarbeit im Projekt sein.

Das richtige Timing

Warten Sie am besten nicht zu lange, bevor Sie diese Phase der Kommunikation zünden, jedenfalls nicht länger als vier Wochen. Das wesentliche Element sollte die Danksagung sein, denn Sie wollen einerseits die Leistung Ihres Projektteams würdigen und andererseits das Team für dessen zukünftige Unterstützung gewinnen. Sie glauben gar nicht, wie sehr Sie sich durch diese Maßnahme vom grauen Einheitssumpf der meisten Projekte abheben. Diese Phase sollten Sie persönlich angehen, sich also mit Ihrem Projektteam treffen.

Die richtige Vorbereitung

Dafür braucht es eigentlich nicht viel, außer natürlich einer Einladung.

Die richtigen Inhalte

Der sicherste Weg, um bei diesem Treffen allein zu sein, ist der, das Treffen als »Manöverkritik« zu bezeichnen, wie es immer wieder in der Praxis zu beobachten ist. Wiewohl gut gemeint, enden solche Treffen gerne in einer kollektiven Abrechnung, also mitnichten mit dem, was Sie wirklich gebrauchen können. Wenn etwas nicht gut lief, wissen Sie das längst, und auch Ihr Team weiß es. Solche Dinge müssen längst vorher besprochen worden sein, im Einzelgespräch oder im Dialog mit dem Team.

Ich empfehle Ihnen daher, dieses Treffen anders zu gestalten:

▶ Stellen Sie zunächst die Ergebnisse kurz dar, also beispielsweise die fertige Anwendung oder das Testprotokoll der QA-Abteilung.

▶ Betonen Sie noch einmal, warum die geleistete Arbeit wichtig für das Projekt war.

▶ Wenn das Projekt noch weitergeht: Gehen Sie kurz auf die nächsten Schritte ein, damit wieder das Bild des Ganzen entsteht.

- Bedanken Sie sich bei allen Projektteilnehmern.
- Reichen Sie Getränke und Häppchen.

Die richtigen Adressaten

Eingeladen werden sollten alle Projektmitglieder, die an der zu Ende gegangenen Phase beteiligt waren. Vergessen Sie bitte nicht, sich später auch noch bei denjenigen zu bedanken, die nicht persönlich am Treffen teilnehmen konnten.

5.4 Der Erste-Hilfe-Kasten für Not leidende Teams

Das bisher Gesagte sollte dazu führen, dass das Team hinter Ihnen und Ihrem Projekt steht. Was aber, wenn das Fass der Befindlichkeiten droht überzulaufen? Wenn alle oder einzelne Projektmitglieder überhaupt nicht mehr oder zumindest nur indirekt bzw. völlig unsachlich miteinander kommunizieren, wenn alle Energie in die Reibung und nicht mehr in die Sache selbst fließt? Dann ist Krisenmanagement angesagt. Wenigstens einen positiven Aspekt gibt es dann noch: Es ist selten zu spät dafür.

Doch werden wir wieder konkret.

5.4.1 Phase 1: das Problem und die Beteiligten verstehen

Der erste und häufigste Fehler besteht darin, die Beteiligten zu schnell und zu unvorbereitet zusammenzutrommeln. Sie als Projektleiter müssen die Moderation eines solchen Gesprächs übernehmen. Und das gelingt nur dann, wenn Sie eine gute Vorstellung von den Ärgernissen, Kränkungen, Wünschen und sonstigen Problemen der Teammitglieder haben.

Die erste Phase besteht also darin, die Teammitglieder zu identifizieren, die zur Reibung im Projekt beitragen, und mit diesen Einzelgespräche zu führen. Die folgenden Punkte sollten nach dem Gespräch klar wie Kloßbrühe sein:

- Wann begannen die Probleme?
- Was ist seitdem alles geschehen?

▶ Gibt es auch Differenzen, die nur persönlicher Natur sind (nein, es gibt praktisch keine Differenzen, die rein fachlicher Natur sind). Welche sind das, und welche Teammitglieder betreffen sie?

▶ Was wurde seitdem unternommen, um die Probleme zu lösen?

Dieses Gespräch wäre jetzt eine gute Gelegenheit zum Schweigen und Zuhören. Wenn Sie überhaupt Öl auf die Mühlen des Prozesses bringen wollen, sollten Sie die Aussagen ernst nehmen und Ihren Gesprächspartner niemals vorverurteilen. Treten Sie als möglichst neutraler Dritter auf, auch wenn Sie das in Wirklichkeit natürlich nicht sind.

Danken Sie abschließend für das Gespräch, und kündigen Sie ein gemeinsames Gespräch mit den Kontrahenten an. Holen Sie auch die Bereitschaft Ihres Gegenübers ein, daran teilzunehmen.

5.4.2   Phase 2: das Gespräch

Ihr Ziel ist eine Art »Beziehungs-Reset«. Ach wenn es doch nur so einfach wie bei Ihrem Computer wäre: Drei Tasten drücken, kurz warten, und alles wäre in Butter. Das können Sie hier aber nicht verlangen, Sie sollten die Erwartungen an das Gespräch also nicht zu hoch hängen. Ihr Mindestziel sollte es aber sein, dass nach dem Gespräch eine Bereitschaft zum Dialog vorhanden ist und das Projekt wieder vorankommt.

Wer sind die Teilnehmer? Nun, am besten alle Teilnehmer, die ein vitales Interesse an diesem Dialog haben. Aber das wird nicht immer möglich sein. Wenn sich eine Personengruppe bekriegt, sagen wir Entwickler und Softwaretester, dann sinkt die Bereitschaft zur Öffnung mit der Anzahl der Teilnehmer. In einem solchen Fall sollten Sie sich nur mit diesen beiden Gruppen treffen. Das kann dann auch dazu führen, dass mehrere Termine notwendig werden.

Einige Tipps dazu:

▶ Konflikte und Zeitdruck passen nicht zusammen. Buchen Sie den Besprechungsraum wenigstens doppelt so lange, wie Sie im schlimmsten Fall annehmen, ihn zu brauchen.

▶ Besprechen Sie vorher, ob Sie die Teilnehmer als Moderator akzeptieren. Wenn nicht, kann ein neutraler Dritter hilfreich sein, zum Beispiel eine Kollegin aus der Personalabteilung.

▶ Niemals, wirklich niemals, dürfen Sie Partei ergreifen. Denken Sie daran: Ihr Ziel ist es, nach dem Gespräch mit *allen* Parteien gut zusammenzuarbeiten.

▶ Verzeihen Sie bitte, aber »wir Männer« packen in solchen Gesprächen gerne den Werkzeugkasten aus und wollen Probleme schnell und effizient lösen. Teammitglieder wollen sich aber auch mal scheinbar »irrational« verhalten und ihre Probleme erst einmal ausführlich kundtun. Lassen Sie das zu, und hören Sie ihnen gut zu.

▶ Bieten Sie Kompromisse an, aber drängen Sie diese nicht auf.

Am Ende steht entweder ein Folgetermin oder – in den meisten Fällen – die Bereitschaft aller Beteiligten, es noch einmal miteinander zu versuchen. Der Vorteil daran: Alle Beteiligten bemühen sich gerade zu Beginn meist sehr darum. Die Gefahr: Der Erfolg ist noch ein zartes Pflänzchen und eine Rückkehr zu alten Gewohnheiten nicht ausgeschlossen.

5.4.3 Phase 3: Projekt-Reset

Vermutlich hat der Sand im Projektgetriebe dazu geführt, dass Aufgaben und Termine versäumt wurden und das Projekt auch sonst Not leidet. Manchmal ist also jetzt ein Projekt-Reset notwendig, wie er in Kapitel 7, »Flaute oder raue See? Projektdurchführung und Projektcontrolling«, beschrieben ist, vollständig oder in Teilen. In jedem Fall aber wird eine Bestandsaufnahme notwendig sein.

5.4.4 Phase 4: Nachsorge

Um im Bild zu bleiben, sollten Sie jetzt die Pflänzchen gießen. Das soll heißen:

▶ Sprechen Sie mit Ihren Teammitgliedern nach einer gewissen Zeit noch einmal. Was hat sich verändert? Was ist gleich geblieben?

▶ Neu auftretende Konflikte lassen sich jetzt meist viel schneller lösen. Achten Sie darauf, und gehen Sie kurzfristig auf solche ein.

▶ Sind die Wogen dauerhaft geglättet, dann können Sie das ruhig zum Anlass nehmen, das beim nächsten regulären Treffen zu vertiefen.

Je größer der Plan, desto größer die Angriffsfläche für den Zufall.

6 Der Nebel lichtet sich – die Projektplanung

Willkommen zu dem, was die meisten als das Herz des Projektmanagements bezeichnen würden – die Projektplanung. In Kapitel 3, »Wie am Schnürchen – wie Projekte ablaufen (sollten)«, habe ich Sie schon ein wenig vorbereitet und sowohl Sinn als auch Grenzen der Planung von Projekten beschrieben.

Was erwartet Sie in diesem Kapitel? Wir werden die Grundlage aller Pläne durchleuchten, die Zeitschätzung, uns danach in das ungemütliche Dreieck aus Qualität, Zeit und Kosten begeben und danach systematisch einen Projektplan entwickeln. Weiter geht es mit etwas, was viele Projektmanager lieber meiden, aber dem sie doch nicht entgehen können: der Bewertung und Vermeidung von Risiken im Projekt. Am Ende stelle ich Ihnen ein Phasenmodell für die Softwareentwicklung vor, das Sie als Vorlage für Ihre eigenen Projekte verwenden können, und entlasse Sie dann mit einem Wegweiser für besonders eilige Projektplaner. Das ist viel Stoff für wenig Platz, beginnen wir also lieber gleich.

6.1 Lieber schätzen als verzocken

Er kommt zur Türe herein, blickt etwas mürrisch drein und möchte nur eines vom Entwickler Müller wissen: »Müller, wann wird der neue Kundenbeziehungsreport denn nun fertig?« Gestern, würde er gerne hören, aber da macht ihm Jens Müller einen Strich durch die Rechnung: »Also, weiß nicht, schätze mal in etwa zwei Wochen.« Der Chef, sichtbar um Fassung bemüht und rot angelaufen wie das HB-Männchen: »Zwei Wochen?! Das ist zu spät! Wir müssen den Bericht Ende dieser Woche unserem Pilotkunden zeigen. Der besteht darauf!«

6.1.1 Über den Sinn einer Schätzung

Nein, der Chef wollte keine Schätzung haben, er wollte ein Commitment, die feste Zusage von Jens Müller, dass der von ihm festgesetzte Termin eingehalten wird. Weiß der Kuckuck, wie er darauf kommt, dass das machbar wäre.

Der Chef, oder allgemein der »Entscheider«, will »realistische« Schätzungen. Das ist in etwa so sinnvoll, wie von einem Vertriebsleiter realistische Verkaufszahlen für das nächste Quartal zu erwarten. Warum?

Realistisch wird etwas, wenn es real wird – also immer dann, wenn etwas abgeschlossen ist und wir eine Schätzung gar nicht mehr benötigen.

Bis dahin bleibt es eine Schätzung. Der Unterschied liegt in der Qualität und damit letztlich in der Frage, ob eine Schätzung einen Sinn ergibt, uns also weiterbringt, oder vielleicht gar dem Projekt schadet. Immer häufiger liest man daher, man möge doch auf Schätzungen verzichten. Aber, sehen wir der Kuh ins Auge, Schätzungen sind unumgänglich.

Warum Schätzungen wichtig sind

▶ Mittel sind begrenzt, Wünsche sind es nicht. Aufgrund von Schätzungen kann entschieden werden, was in Angriff genommen wird und was eben nicht.

▶ Bei nicht verhandelbaren Anforderungen ist eine Schätzung immer noch wichtig, weil schließlich Ressourcen (wie Projektmitarbeiter und Geld) geplant und bereitgestellt werden müssen.

▶ Schätzungen erlauben eine (teilweise) Beurteilung des Risikos.

▶ Die benötigte Zeit muss bekannt sein, weil in Projekten Vorgänge voneinander abhängen und diese daher eng miteinander verzahnt werden müssen.

▶ Wird ein Projekt abgerechnet, dient die Aufwandschätzung als Grundlage für die Preiskalkulation.

Gut zu schätzen ist eine der wichtigsten Fähigkeiten in der Projektplanung – deswegen steht sie gleich am Anfang dieses Kapitels.

Ein wenig Wortklauberei sei mir gestattet: Wir sprechen hier von *Auf*wandschätzungen. Eine *Zeit*schätzung wird daraus erst im Laufe der Projektplanung, wenn der Aufwand zeitlich eingeteilt und durch Ressourcen gedeckt wird.

Was ist eine Aufwandschätzung aber nicht?

▶ Sie ist kein Plan, aus ihr entsteht aber ein Plan. Die Schätzung selbst ist zunächst eine nackte Zahl – 35 Stunden, drei Wochen, acht Monate.

▶ Sie ist keine Zusage, sondern eine Einschätzung.

▶ Sie ist kein Gefühl. In der Praxis trifft man häufig auf »Bauchschätzungen«, die schnell und ohne groß nachzudenken abgegeben werden – und deswegen meilenweit danebenliegen.

▶ Sie ist keine risikolose Angelegenheit, so wie das gesamte Projekt immer auch mit Risiken behaftet ist.

Aufwandschätzungen sind nicht umsonst zu haben. Im Gegenteil:

Je genauer die Schätzung sein soll, desto genauer muss der Lösungsweg bekannt sein, desto mehr Zeit muss also für die Aufwandschätzung selbst aufgewendet werden – um die Anforderung präzise zu verstehen und sorgfältig zu durchdenken.

6.1.2 Anforderungen

Eine gute Zeitschätzung kann es natürlich nur geben, wenn eine gute Anforderung auf dem Tisch liegt. Eine fehlerhafte Aufwandschätzung aufgrund von schwammig formulierten, lückenhaften oder sonst wie unzureichenden Anforderungen können wir überhaupt nicht gebrauchen. Daher gibt es eine einfache, aber umso wichtigere Regel:

Ohne eine qualitativ ausreichende Anforderung gibt es keine Aufwandschätzung. Wer sich nicht die Mühe macht, seine Wünsche (schriftlich) niederzulegen, oder dies mehr schlecht als recht tut, der hat auch kein Recht darauf, ein ganzes Projektteam mit deren Umsetzung zu beschäftigen.

In meinem Unternehmen räumen wir jedem, der eine Aufwandschätzung abgeben soll, das Recht ein, die Anforderung zurückzugeben, wenn sie nicht den Mindestkriterien entspricht, also zum Beispiel lückenhaft ist.

Dazu gibt es in unserem Onlinesystem zur Verwaltung solcher Anforderungen einen eigenen Umsetzungsstatus mit dem Namen »specification insufficient«. Ein kurzer Kommentar hilft hier dem Verfasser, die Anforderung nachzubessern.

Eine gute Anforderung lässt sich leicht erkennen: Sie ist

▶ vollständig, enthält also alle relevanten fachlichen Details,

▶ frei von technischen Lösungsdetails, enthält also *nur* fachliche Informationen,

▶ durchdacht und vom Grundsatz her machbar,

▶ präzise, aber auch knapp formuliert,

▶ frei von Widersprüchen und arm an Redundanz.

Da wir es jedoch immer noch mit Menschen zu tun haben, können wir das nicht in jedem Fall in Perfektion erwarten (zum Glück). Das ist auch nicht notwendig, jedenfalls solange eine Aufwandschätzung so genau möglich ist, dass sich damit planen lässt. Ausreichend genau bedeutet hier meist: Wir liegen weniger als 20 % daneben.

Anatomie einer Anforderung

Eine gute Anforderung enthält die folgenden wichtigen Angaben, eine entsprechende Vorlage finden Sie im Web auf der Bonus-Seite zum Buch:

▶ Eine eindeutige *ID*, damit leicht auf diese Bezug genommen werden kann. Beispiel: »CR_4634«

▶ Den *Ersteller* der Anforderung. Beispiel: »Hubert Kramer, Leiter Rechnungswesen«

▶ Die *Anwendung*, die davon betroffen ist, und das Modul, soweit es bekannt ist. Beispiel: »Eingangsrechnung-Archivsystem, Scanmodul«

▶ Einen kurzen, aussagekräftigen *Titel*. Beispiel: »Eingehende Rechnungen auch in Farbe scannen«

▶ Das *Wunsch-Release*, bzw. das *Wunschdatum* für die Umsetzung. Beispiel: »Herbst-Release, 1.5«

▶ Die vom Erfasser eingeschätzte *Priorität*. Beispiel: »Hoch«, da eine gesetzliche Anforderung vorliegt.

▶ Den *Ist-Zustand*. Dies scheint unnötig zu sein, ist für das Verständnis aber wichtig, vor allem dann, wenn ein Dritter die Anforderung liest. Beispiel: »Heute ist es nur möglich, Eingangsrechnungen in Schwarz-Weiß oder in Graustufen zu scannen.«

▶ Den *Soll-Zustand*, also: Was soll sich ändern? Beispiel: Eingangsrechnungen sollen sich (optional und für jede Rechnung separat) auch in 24-Bit-Farbe scannen lassen (sowohl Vor- als auch Rückseite).

▶ Den *Nutzen*, also warum die Änderung sinnvoll oder gar notwendig ist. Beispiel: Einige Rechnungen sind nicht mehr lesbar, wenn sie in Graustufen gescannt werden. Laut Gesetzgeber müssen solche Rechnungen in Papierform aufbewahrt werden, was einen hohen Arbeitsaufwand und ein hohes Verfahrensrisiko mit sich bringt.

Das sieht im ersten Moment nach viel aus. Aus vielen Jahren Praxis kann ich Ihnen jedoch versichern, dass diese Angaben wirklich den *Mindeststandard* definieren. Sie benötigen wirklich all diese Angaben. Entweder gleich, dann können Sie sie für die Zeitschätzung verwenden, oder (zu) spät, wenn die Umsetzung beginnen soll.

6.1.3 Methoden der Aufwandschätzung

Theorie und Praxis kennen viele Methoden der Zeitschätzung. Das darf nicht darüber hinwegtäuschen, dass eine Aufwandschätzung keine angewandte Mathematik ist. Anders gesagt: Man kann eine Aufwandschätzung nicht einfach berechnen.

Bei der Schätzung ist es wichtig, zu wissen, in welcher Projektphase geschätzt wird, weil die Unsicherheit im Laufe des Projekts naturgemäß abnimmt (siehe Abbildung 6.1).

Warum ist das wichtig? Weil der Schätzer dann die Unsicherheit ausdrücken kann, was Ihnen wiederum hilft, im Projektplan Ihre Pufferzeiten richtig zu dimensionieren.

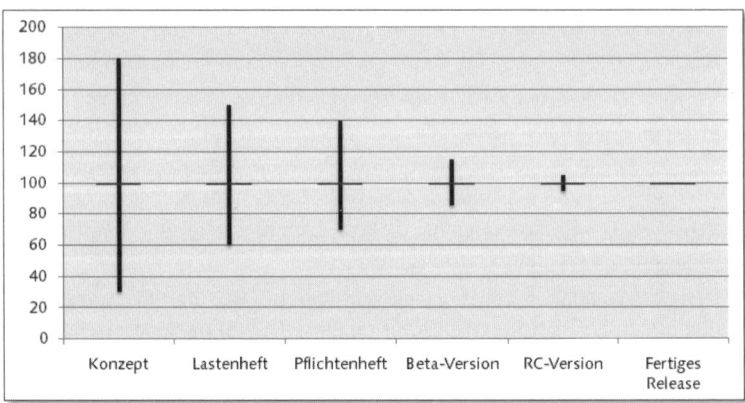

Abbildung 6.1 (Un-)Genauigkeit einer Schätzung über den Projektverlauf

Nun aber zu den beiden Schätzverfahren, denen man in der Praxis wohl am häufigsten begegnet, der Einzel- und der Gruppenschätzung. Beide werden vom Projektteam selbst durchgeführt.

Steckbrief Einzelschätzung

Vorteile: schnell und kostengünstig, unkompliziert

Nachteile: Schätzungen sind schwer vergleichbar, da sie subjektiven Charakter haben, es gibt keinen Erfahrungsaustausch. Die Qualität der Schätzung hängt von den Fähigkeiten des einzelnen Schätzers ab.

Verfahren:

▶ Überlegen Sie sich, ob der Schätzende die Anforderung überhaupt schätzen kann.

▶ Warten Sie niemals im Raum auf die Schätzung, sondern lassen sie ihn in Ruhe überlegen.

▶ Im Zweifel: Lassen Sie sich den Lösungsweg erklären, um zu sehen, ob eine Schätzung eher auf Fakten oder auf Gefühl beruht.

▶ Zwingen Sie niemanden zur Schätzung. Bieten Sie in schwierigen Fällen auch einmal einen Zeitkorridor an.

▶ Lassen Sie Rückfragen zu.

► Vermeiden Sie es, zu große Einheiten schätzen zu lassen.

► Definieren Sie den Umfang der Schätzung (mit oder ohne Dokumentation, inklusive oder exklusive Testdaten usw.).

► Machen Sie klar, dass Sie die Pufferzeiten im Projektplan selbst hinzufügen!

► Bitten Sie möglichst dasjenige Projektmitglied um die Schätzung, das später auch die Arbeit ausführt – schon um die Zeit für die spätere Einarbeitung einer zweiten Person zu sparen.

Die Einzelschätzung ist immer noch die häufigste Form der Schätzung. Umso wichtiger ist es, sie auf eine solide Grundlage zu stellen. Kommen wir nun zur Schätzung im Team.

Steckbrief Gruppenschätzung

Vorteile: Sie ist oft genauer, weil sich die Vorlieben der Personen ausgleichen und der Lösungsweg im Team besprochen werden kann.

Nachteile: Sie ist zeitaufwendiger und damit kostenintensiver, außerdem besteht die Gefahr des Gruppenzwangs. Zudem könnte bei dieser Form der Schätzung auch ein Mitarbeiter allein die Führung übernehmen, und alle anderen würden infolgedessen nur noch abnicken.

Verfahren:

► Es gelten auch hier die meisten Ratschläge zur Einzelschätzung.

► Die ideale Größe liegt zwischen drei und fünf Personen.

► Die Zeitschätzungen sollten zunächst *unabhängig* voneinander stattfinden und erst danach diskutiert werden. Praktisch funktioniert dies am besten, indem die Teammitglieder ihre Schätzungen zuerst auf Papier niederschreiben und erst dann in der gemeinsamen Runde bekannt geben.

► Nehmen Sie Abweichungen ernst! Sie deuten auf Unwägbarkeiten und damit Ungenauigkeiten hin.

► Bilden Sie niemals einfach den Mittelwert! Hinterfragen Sie stark abweichende Schätzungen immer, und geben Sie erst Ruhe, wenn Sie den Grund dafür verstanden haben.

> ▶ Führen Sie das Team gegebenenfalls selbst in die Anforderung ein, wenn diese besonders komplex ist.

Leider fehlt mir der Platz, hier näher auf weitere Schätzverfahren einzugehen. Abschließend möchte ich aber doch noch auf zwei Verfahren hinweisen, die es sich lohnt, näher anzusehen:

▶ Schätzung nach *Function Points*. Dabei geht es darum, die Komplexität einer Anforderung mittels vordefinierter Kriterien zu bestimmen. Erst danach werden die dadurch gewonnenen Function Points in den Aufwand übersetzt.

▶ Schätzung nach *Use-Case-Punkten*. Auch in diesem Verfahren werden die Funktionen einer Anwendung (Use Cases) geschätzt und zum Aufwand in Beziehung gesetzt.

6.2 Gefangen im Bermudadreieck – von Qualität, Zeit und Kosten

Es ist amtlich: Die Zahl der Katastrophen im Bermudadreieck ist nicht höher als anderswo auch. Es gibt also keinen Grund, sich davor zu fürchten – auch nicht vor dem magischen Dreieck des Projektmanagements, dem ein ähnlicher Ruf anhaftet (siehe Abbildung 6.2).

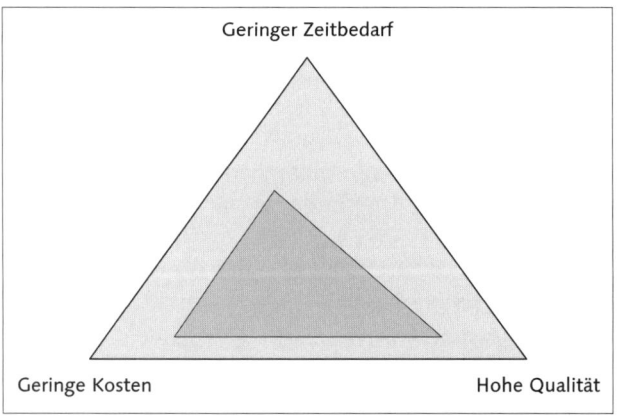

Abbildung 6.2 Das magische Dreieck des Projektmanagements

Manchmal wird daraus auch ein Viereck, wenn Qualität und Leistungsumfang getrennt werden – aber das ist hier nicht weiter von Belang (in Kapitel 7, »Flaute oder raue See? Projektdurchführung und Projektcontrolling«, wird es das aber noch). Wichtig hingegen ist, dass die Ecken des Dreiecks das Optimum darstellen, während das innere Dreieck dann (wie im Beispiel) die tatsächliche Zielerreichung darstellt. Ein Punkt in der Mitte wäre demzufolge das schlechtestmögliche, ein voll ausgefülltes Dreieck das beste Ergebnis.

Warum ist das wichtig? Aus zwei Gründen:

▶ Einerseits, um sich als Projektleiter immer daran zu erinnern, dass man einen Preis dafür zahlen muss, wenn man in einem der drei »Ecken« brillieren möchte. Das Projekt soll preiswert sein? Dann müssen die Personalkosten gering gehalten werden, was sich auf die Zeit auswirkt. Und/oder aber die Qualität leidet, weil die Mitarbeiter zum Beispiel keine Zeit mehr für die Testautomatisierung übrig haben. Man bezeichnet diese Abwägung im Englischen recht treffsicher als *Trade-off*.

▶ Fast noch wichtiger ist andererseits die Erkenntnis: Man muss das Dreieck in der Mitte nicht selbst festlegen. Im Gegenteil: Die Rahmenbedingungen, also Zeit, Qualität und Kosten, sind Vorgaben des Auftraggebers. Wenn nicht alles zu 100 % erreichbar ist, was ja naturgemäß sowieso kaum möglich ist, wie wir gesehen haben, dann ist es seine Aufgabe, über den richtigen Mix zu entscheiden. Natürlich gemeinsam mit Ihnen, dem Projektleiter.

Das waren die wichtigsten Grundlagen, beginnen wir nun mit der Projektplanung im eigentlichen Sinne.

6.3 Phase 1: Teile und herrsche, aber teile nicht den Herrscher

Am Anfang stehen die *Vorgänge*. Unter einem Vorgang verstehen wir eine Arbeit, die verrichtet werden soll. *Divide et impera*, teile und herrsche ist dabei das Grundprinzip. Durch das Zerlegen einer großen Aufgabe in ihre Teile wird diese plötzlich planbar und beherrschbar.

6.3.1 Schritt 1: Themensammlung

Was genau soll aber nun eigentlich geteilt werden? Beginnen wir im ersten Schritt mit der Themensammlung. Was fällt Ihnen zu Ihrem Projekt alles ein, zunächst noch in sehr groben Stichpunkten? (Sollten Ihnen allerdings jetzt bereits Details einfallen, dann schreiben Sie diese ebenfalls nieder.) Nehmen wir an, wir wollten eine neue Software für die Personalabteilung entwickeln, die eine Altanwendung ablösen soll, dann könnte eine Themensammlung so aussehen:

- Tests
- Einführung
- Altdatenmigration
- Spezifikation
- Usability-Tests
- Installation
- Schulung
- Entwicklung
- Abnahme
- Einrichtung der Testumgebung
- Schnittstellen

Dies stellt freilich nur einen möglichen Auszug aus einer solchen Themensammlung dar. Deren Elemente sind hier noch nicht sortiert und auch von unterschiedlichem Detaillierungsgrad. Die Installation ist schon ein recht elementarer Vorgang, den Eintrag »Tests« müssen wir im Projektplan sicher noch weiter teilen. Das machen wir gleich. Wie Sie übrigens die Elemente Ihrer Liste einteilen, ist nicht wirklich wichtig. Die gröbsten könnte man als *Projektphasen* bezeichnen (Tests, Entwicklung, siehe Abschnitt 6.9), während wir die feinsten Elemente, die es in die Planung schaffen, dann als *Vorgänge* titulieren. In der Literatur finden Sie oft den Begriff *Arbeitspaket* dafür und für das so gewonnene Ergebnis die Bezeichnung *Work Breakdown Structure (WBS)*, Sie wissen also im Falle des Falles, was damit gemeint ist.

6.3.2 Schritt 2: Teilen, also feiner planen

Nehmen wir einmal die Tests heraus. Identifizieren wir nun, was alles zu den Tests gehört:

▶ Testvorbereitung

▶ Usability (das steht schon in der Liste)

▶ Tab-Reihenfolge

▶ Datenmigration (Migrationstest)

▶ Funktionen (Akzeptanztest)

▶ Spezifikation auf Vollständigkeit und Richtigkeit (Spezifikationstest)

▶ Schnittstellen und andere systemrelevante Dinge (Systemtest)

Lassen Sie zunächst die Abhängigkeiten außen vor, und auch um die Reihenfolge kümmern wir uns später.

Wenn Sie so vorgehen, dann können drei Dinge passieren:

▶ Sie können etwas *vergessen*. Dagegen hilft es, den Plan mit möglichst vielen Beteiligten durchzusprechen. Vor allem mit den Teammitgliedern, die zur späteren Umsetzung beitragen. Laden Sie diese doch zu einem Brainstorming-Termin ein, an dem Sie die Themenliste gemeinsam erarbeiten.

▶ Sie teilen zu viel, einzelne Vorgänge sind also *zu klein* (siehe im Folgenden). Dann streichen Sie diese einfach von Ihrer Liste. Der Test der Tab-Reihenfolge in Formularen ist so ein Kandidat in unserem Beispiel.

▶ Einzelne Vorgänge sind noch *zu grob*, um von Nutzen zu sein. Dann teilen Sie diese einfach weiter. Die Testvorbereitung könnten wir weiter unterteilen, in Testdatenbereitstellung und Bereitstellung der Testumgebung (auch dieser Punkt befindet sich bereits auf der Liste).

Was aber ist denn nun »zu grob« oder »zu fein«? Kurz, was ist die richtige *Granularität* für Ihre Vorgänge? Sie ist für gewöhnlich dann erreicht, wenn sich die einzelnen Vorgänge als Einheiten gut kontrollieren lassen. In der Entwicklung könnte das zum Beispiel ein Modul sein, das – einmal entwickelt – schon einmal ausprobiert werden kann. Bei den Tests könnte das die Iterationen sein (dazu später mehr) und bei der Entwicklung der

Spezifikation die Beschreibung eines Teilbereichs der Software, zum Beispiel der Personal-Stammdatenverwaltung.

Definitiv zu fein ist Ihre Planung, wenn Sie die Vorgänge gar nicht mehr sicher bestimmen können, wenn also die spätere Vorgehensweise im Projekt jetzt noch gar nicht in dieser Detailstufe festgelegt werden kann. Eindeutig zu grob ist sie, wenn dadurch ein zu hohes Risiko besteht – weil das Projektcontrolling dadurch zu grob wäre.

Sie können zu jeder Zeit auch noch später Vorgänge zusammenfassen oder weiter aufteilen, keine Sorge! Ein Plan lebt – und er verschwindet nicht einfach nach seiner Erstellung in einem Archiv.

6.3.3 Schritt 3: Ordnen

Geteilt haben wir nun genug, kommen wir jetzt also zum Herrschen – im Projektmanagement ist das die *Ordnung*, die wir in einen Plan bringen.

Konkret bedeutet das:

▶ Wir müssen die nun ermittelten Vorgänge in eine logische Reihenfolge bringen.

▶ Wir müssen sie in eine Hierarchie bringen.

Spätestens jetzt wäre es an der Zeit, in die Tastatur zu greifen und das Projektplanungs-Tool Ihrer Wahl zu starten, beispielsweise *Microsoft Project* oder *OpenProj*.

Für unser Beispiel könnte das so, wie es in Abbildung 6.3 gezeigt wird, aussehen (hier in MS Project).

⊟ **Testphase**	1 Tag?	Do 28.07.11	Do 28.07.11
Migrationstest			
⊟ **Akzeptanztest**	1 Tag?	Do 28.07.11	Do 28.07.11
Stammdaten			
Personalkostenplanung			
Berichte			
Urlaubsmodul			
Abrechnungsmodul			
⊟ **Systemrelevante Tests**	1 Tag?	Do 28.07.11	Do 28.07.11
Lasttests			
Schnittstellentests			
Sicherheitstests			

Abbildung 6.3 Sortierte und in eine Hierarchie gebrachte Vorgänge

Sie können erkennen, dass weder Dauer noch Aufwand bisher angegeben wurden – das machen wir später. Der Spezifikationstest und der Usability-Test fehlen, weil sie weiter oben im Plan zu finden sind (vor der Entwicklung bzw. nach der Erstellung des Prototyps). Ich habe hier nur einen Ausschnitt dargestellt, der echte Plan ist natürlich deutlich umfangreicher.

6.4 Phase 2: Abhängigkeiten bestimmen und planen

So weit, so gut. Wir haben die Vorgänge identifiziert, geordnet und in eine Hierarchie gebracht. Mit der Hierarchie selbst haben wir bereits eine Art von Abhängigkeit geschaffen. In den klassischen Tools gibt es aber noch weiter gehende Möglichkeiten, die von der Hierarchie und der Sortierung zum Teil unabhängig sind. Dennoch ist es eine gute Idee, den Projektplan nicht kreuz und quer zu erstellen, sondern die einzelnen Vorgänge auch optisch zugehörig anzuordnen. Planen bedeutet schließlich ordnen.

> **Hinweis**
>
> Die gesamte Projektplanung ist *iterativ*, auch wenn Sie wie hier beschrieben vorgehen sollten, also der Reihe nach. Zu einem späteren Zeitpunkt werden Sie sicher feststellen, dass Ihnen bestimmte Vorgänge fehlen – fügen Sie diese hinzu, sortieren Sie diese richtig ein, bestimmen Sie die Abhängigkeiten usw. Rückschritte sind ausdrücklich erlaubt, ja sogar erwünscht. Nach vorn sollten Sie aber nie springen, wenn Sie nicht Gefahr laufen wollen, damit wichtige Schritte zu überspringen.

Es gibt vier relevante Abhängigkeiten von Vorgängen, die in Projektplänen auch modelliert werden können:

▸ Es besteht überhaupt keine Abhängigkeit.

▸ Ein Vorgang kann erst dann begonnen werden, wenn ein anderer Vorgang abgeschlossen ist (*Ende-Anfang-Beziehung*)

▸ Zwei Vorgänge müssen zur selben Zeit abgeschlossen sein (*Ende-Ende-Beziehung*).

▸ Zwei Vorgänge müssen gleichzeitig beginnen (*Anfang-Anfang-Beziehung*).

Die *Unabhängigkeit* ist der Standard. Wenn Sie keine Beziehung angeben, sind die einzelnen Vorgänge voneinander unabhängig. Sie beginnen dann entweder alle gleichzeitig zum Projektbeginn oder, wenn sie einem anderen Vorgang untergeordnet sind (wie bei den Tests), alle zu der Zeit, zu der die gesamte Vorgangsgruppe beginnt.

Der bei Weitem häufigste Beziehungstyp ist die *Ende-Anfang-Beziehung*. In unserem Fall können wir das für Spezifikation und Entwicklung nutzen (siehe Abbildung 6.4).

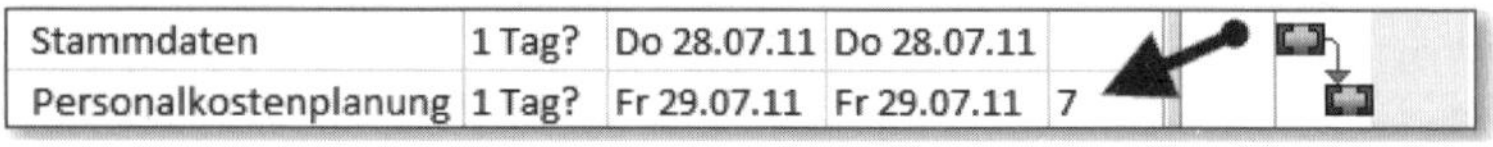

| Stammdaten | 1 Tag? | Do 28.07.11 | Do 28.07.11 | |
| Personalkostenplanung | 1 Tag? | Fr 29.07.11 | Fr 29.07.11 | 7 |

Abbildung 6.4 Die Ende-Anfang-Beziehung

Im Beispiel soll der Test der Personalkostenplanung erst dann beginnen, wenn die Stammdatentests abgeschlossen sind, weil die Stammdaten die Grundlage für den Test sind. Der Pfeil zeigt Ihnen die Vorgangsnummer an (7 = Stammdaten), die als Vorgänger dient. Sie sehen auch, dass beide Vorgänge auf derselben Hierarchiestufe stehen.

Ein Vorgang kann unmittelbar auf den nächsten folgen oder auch nach einer gewissen »Wartezeit«, die man landläufig als *Puffer* bezeichnet. Doch dazu später mehr.

Der nächste Typ ist die *Ende-Ende-Beziehung* (*Endfolge*), die zwei Vorgänge miteinander synchronisiert. Darauffolgende Vorgänge müssen so lange warten, bis beide Vorgänge beendet sind. Das sieht dann in MS Project so aus, wie es in Abbildung 6.5 gezeigt wird.

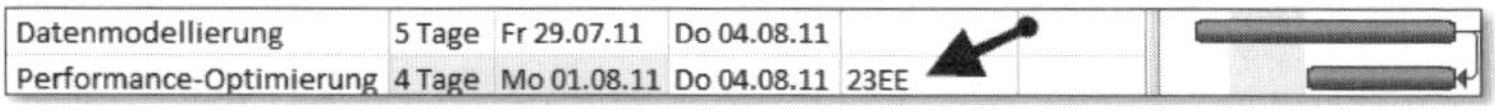

| Datenmodellierung | 5 Tage | Fr 29.07.11 | Do 04.08.11 | |
| Performance-Optimierung | 4 Tage | Mo 01.08.11 | Do 04.08.11 | 23EE |

Abbildung 6.5 Die Ende-Ende-Beziehung

Auch hier zeigt die Software die Beziehung in der Grafik sehr übersichtlich an. Der Vorgänger ist diesmal mit dem Suffix »EE« gekennzeichnet, was für »Ende-Ende-Beziehung« steht.

Fachlich bedeutet das, dass die Optimierung erst dann abgeschlossen ist, wenn die Datenmodellierung abgeschlossen ist, was logisch erscheint. Dennoch kommt dieser Beziehungstyp in der Praxis recht selten vor.

Die *Anfang-Anfang-Beziehung*, Sie ahnen es schon, verbindet zwei Vorgänge so miteinander, dass beide zur selben Zeit beginnen (siehe Abbildung 6.6).

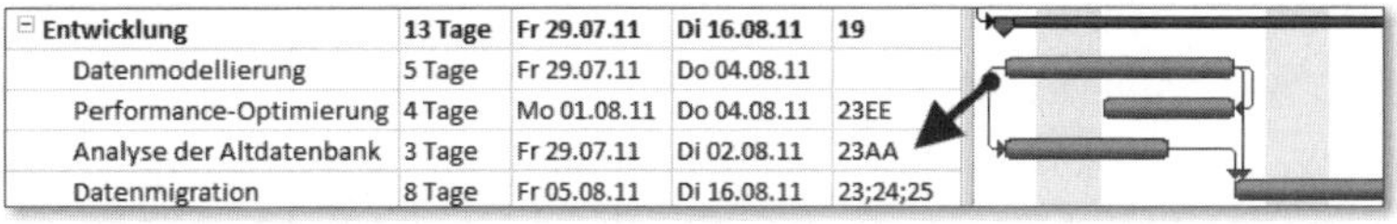

⊟ **Entwicklung**	**13 Tage**	**Fr 29.07.11**	**Di 16.08.11**	**19**
Datenmodellierung	5 Tage	Fr 29.07.11	Do 04.08.11	
Performance-Optimierung	4 Tage	Mo 01.08.11	Do 04.08.11	23EE
Analyse der Altdatenbank	3 Tage	Fr 29.07.11	Di 02.08.11	23AA
Datenmigration	8 Tage	Fr 05.08.11	Di 16.08.11	23;24;25

Abbildung 6.6   Die Anfang-Anfang-Beziehung

Wiederum gibt es einen fachlichen Grund für die Beziehung: Die Modellierung der neuen Datenbank und die Analyse der Altdatenbank können zeitgleich beginnen (Anfang–Anfang), mit der Entwicklung der eigentlichen Datenmigration kann aber erst begonnen werden, wenn alle vorherigen Vorgänge abgeschlossen sind (Anfang–Ende).

Nun haben Sie die einzelnen Vorgangstypen kennengelernt. Sie sollten auf diese Beziehungen einige Sorgfalt verwenden, wenn Sie die folgenden wichtigen Vorteile nutzen wollen:

▶ Ihre Software kann damit Termine automatisch berechnen!

▶ Sie können den kritischen Pfad erkennen und im Auge behalten (dazu später mehr).

▶ Der Plan wird übersichtlicher, wobei auch die Vorgangsgrafik recht nützlich ist.

▶ Die Software kann Sie auf Fehler in der Planung aufmerksam machen.

6.5   Phase 3: Aufwand bestimmen

Bis jetzt zeigt unser Projektplan noch keine Termine an, weil wir noch keinen Aufwand und keine Dauer hinterlegt haben. Damit eignet er sich noch nicht für die Projektdurchführung und das Projektcontrolling. Das soll sich nun allerdings ändern.

6.5.1 Aufwand/Dauer ergänzen

In Abschnitt 6.1, »Lieber schätzen als verzocken«, bin ich näher auf das Schätzen von Vorgängen eingegangen. In dieser Phase der Planerstellung tragen Sie jedoch den Aufwand/die Dauer ein. Ja, was denn nun? Den Aufwand oder die Dauer?

Zunächst einmal ist es in beiden Fällen unerlässlich, die Ressourcen zu kennen. Ressourcen ist eigentlich ein hässliches Wort, finden Sie nicht auch? Ein weniger »menschlicher« formuliert daher Folgendes:

▶ Welches Projektmitglied steht überhaupt wann zur Verfügung?

▶ Dazu gehört auch: Wer hat wann und wie lange Urlaub?

▶ Wie viel Arbeitszeit können die einzelnen Projektmitglieder in die Erledigung des Vorgangs einbringen?

Es gibt aber nicht nur *Personalressourcen*, sondern auch *Sachmittelressourcen*. Vielleicht benötigen Sie ein Testlabor, das nur an gewissen Tagen in der Woche zur Verfügung steht, oder einige Arbeiten lassen sich nicht während der Arbeitszeit ausführen, Lasttests zum Beispiel.

In den meisten Projektmanagement-Tools können Sie daher Projektkalender verwalten und Ihren Ressourcen zuordnen. Die Software weiß dann, dass Lieschen Müller halbtags arbeitet und acht Stunden Aufwand daher in zwei Tage Dauer zu übersetzen sind. Es gibt aber noch weitere Vorteile:

▶ Sie erhalten Auswertungen zur Nutzung von Ressourcen.

▶ Das Tool warnt Sie, wenn einzelne Teammitglieder überlastet sind.

▶ Sie können die Kalender jederzeit pflegen und erhalten so eine aktualisierte Berechnung Ihres Projekts.

▶ Sie können die Personalkosten berechnen und ausweisen, bzw. diese Aufgabe übernimmt wiederum die Software für Sie.

Dennoch, in der Praxis trifft man sehr häufig auf Projektpläne, in denen der Projektleiter selbst die Dauer von Vorgängen eingibt. Er muss diese Dinge dann also selbst berücksichtigen. Das klingt zunächst wenig vernünftig, hat aber auch seine Vorteile:

▶ Es kann weniger Aufwand bedeuten, weil der ständige Abgleich und das Nachpflegen von Ressourcen eben auch Zeit kosten.

▶ Menschen sind keine Maschinen, und zwei Bauarbeiter heben eine Baugrube eben nicht in der halben Zeit aus, die ein einzelner dafür benötigen würde (glauben Sie mir, ich habe das schon selbst beobachtet). Manchmal wird also nur künstliche Genauigkeit erzielt – vor allem dann, wenn man die Planung selbst nicht so genau nimmt.

▶ Vielleicht wollen Sie die Zuteilung von Vorgängen an Ihre Teammitglieder aber auch bewusst noch offenlassen.

Welches Modell Sie auch wählen, am Ende steht ein Projektplan wie der in Abbildung 6.7 dargestellte. Ich nehme auf diese Abbildung später wieder Bezug, Sie finden hier also auch schon »Features«, die erst später besprochen werden. Der Plan ist recht einfach gehalten – er muss schließlich noch auf eine Doppelseite passen. Auf die Projektphasen bei Entwicklungsprojekten kommen wir in Abschnitt 6.9, »Projektphasen«, noch genauer zu sprechen.

Wir haben die Dauer bei den Vorgängen eingetragen, die Projektmanagementsoftware hat daraus fertige Termine berechnet. So wurden zum Beispiel schon die Wochenenden als arbeitsfreie Zeit berücksichtigt. Laut Plan beginnt unser Projekt am 28. Juli und endet am 18. April des Folgejahres. Aber wie kommt MS Project auf diese beiden Termine? Nun, der Abstand zwischen den beiden dürfte klar sein – er hängt von den Vorgängen, deren Abhängigkeiten, dem Projektkalender und natürlich der eingetragenen Dauer jedes einzelnen Vorgangs ab.

Um auf Start und Ende zu kommen, gibt es zwei Möglichkeiten:

▶ Bei der *Vorwärtsrechnung* wird der Startzeitpunkt festgelegt. Die Software errechnet dann den frühestmöglichen Start- und Endtermin für jeden Vorgang. Das ist die häufigste Variante.

▶ Die Alternative dazu ist die *Rückwärtsrechnung*, bei der der Endtermin fixiert ist und das System die spätestzulässigen Start- und Endtermine für jeden Vorgang errechnet.

Es hängt auch hier von der Aufgabenstellung ab. »Wir benötigen die neue Software unbedingt bis zur Messe im Herbst nächsten Jahres« verlangt nach einer Rückwärtsrechnung. Die Frage »Wenn wir nächste Woche loslegen, wann können wir die Software dann frühestens einsetzen?« ist ein Kandidat für die Vorwärtsrechnung.

Nr.	Vorgangs	Vorgangsname	Dauer	Anfang	Fertig stellen	Vorgänger	Ressourcennamen
1							
2		**Voruntersuchung**	**15 Tage**	**Do 28.07.11**	**Mi 17.08.11**		
3		Projektvorbereitung	3 Tage	Do 28.07.11	Mo 01.08.11		
4		Anbietersuche	5 Tage	Do 28.07.11	Mi 03.08.11	3AA	
5		Erste Anbietergespräche	10 Tage	Do 04.08.11	Mi 17.08.11	4	
6		Projektrag genehmigt	0 Tage	Mi 17.08.11	Mi 17.08.11	5	
7							
8		**Anforderungsanalyse**	**41 Tage**	**Do 18.08.11**	**Do 13.10.11**	6	
9		Schwachstellenanalyse	3 Tage	Do 18.08.11	Mo 22.08.11		
10		Lastenheft formulieren	15 Tage	Di 23.08.11	Mo 12.09.11	9	
11		Lastenheft abgenommen	0 Tage	Mo 26.09.11	Mo 26.09.11	10EA+10 Tag	
12		Anbieterauswahl	10 Tage	Di 27.09.11	Mo 10.10.11	11	
13		Make or Buy-Entscheidung	0 Tage	Do 13.10.11	Do 13.10.11	12EA+3 Tage	
14							
15		**Spezifikation**	**112 Tage**	**Fr 23.09.11**	**Mo 27.02.12**		
16		Review des Lastenhefts	5 Tage	Fr 23.09.11	Do 29.09.11	11EA-2 Tage	
17		Pflichtenheft erstellen	25 Tage	Fr 30.09.11	Do 03.11.11	16	
18		Prototypen entwickeln	15 Tage	Fr 14.10.11	Do 03.11.11	17EE	
19		Proof of Concept	5 Tage	Fr 04.11.11	Do 10.11.11	18	
20		Pflichtenheft abgenommen	0 Tage	Do 10.11.11	Do 10.11.11	19	
21							
22		**Entwicklung**	**77 Tage**	**Fr 11.11.11**	**Mo 27.02.12**	20	
23		Datenmodellierung	7 Tage	Fr 11.11.11	Mo 21.11.11		
24		Performance-Optimierung	4 Tage	Mi 16.11.11	Mo 21.11.11	23EE	
25		Analyse der Altdatenbank	3 Tage	Di 15.11.11	Do 17.11.11	23AA	
26		Datenmigration	12 Tage	Di 22.11.11	Mi 07.12.11	23;24;25	
27		Stammdaten	20 Tage	Di 22.11.11	Mo 19.12.11	23	
28		Personalkostenplanung	27 Tage	Di 20.12.11	Mi 25.01.12	27	
29		Urlaubsmodul	12 Tage	Di 20.12.11	Mi 04.01.12	27	
30		Weitere Module	35 Tage	Di 20.12.11	Mo 06.02.12	27	
31		Berichte	15 Tage	Di 07.02.12	Mo 27.02.12	30;28;29	
32		Testfreigabe	0 Tage	Mo 27.02.12	Mo 27.02.12	31	
33							
34		**Test**	**37 Tage?**	**Di 28.02.12**	**Mi 18.04.12**	31	
35		Migrationstest	4 Tage	Di 28.02.12	Fr 02.03.12		
36		Akzeptanztest	15 Tage	Di 28.02.12	Mo 19.03.12		
37		Stammdaten	3 Tage	Di 28.02.12	Do 01.03.12		
38		Personalkostenplanung	6 Tage	Fr 02.03.12	Fr 09.03.12	37	
39		Berichte	8 Tage	Fr 02.03.12	Di 13.03.12	37	
40		Urlaubsmodul	3 Tage	Fr 02.03.12	Di 06.03.12	37	
41		Sonstige Module	12 Tage	Fr 02.03.12	Mo 19.03.12	37	
42		Release Candidate	0 Tage	Mi 28.03.12	Mi 28.03.12	36EA+7 Tage	
43		RTM-Release	1 Tag?	Do 05.04.12	Do 05.04.12	42EA+5 Tage	
44							
45		**Einführung**	**37 Tage?**	**Di 28.02.12**	**Mi 18.04.12**		
46		Installation	1 Tag	Di 28.02.12	Di 28.02.12		
47		Schulung	4 Tage	Do 29.03.12	Di 03.04.12	42	
48		Parallelbetrieb	5 Tage	Mi 04.04.12	Di 10.04.12	47	
49		Projektabschluss	1 Tag?	Mi 18.04.12	Mi 18.04.12	48EA+5 Tage	

Abbildung 6.7   Der fertige Projektplan (Teil 1)

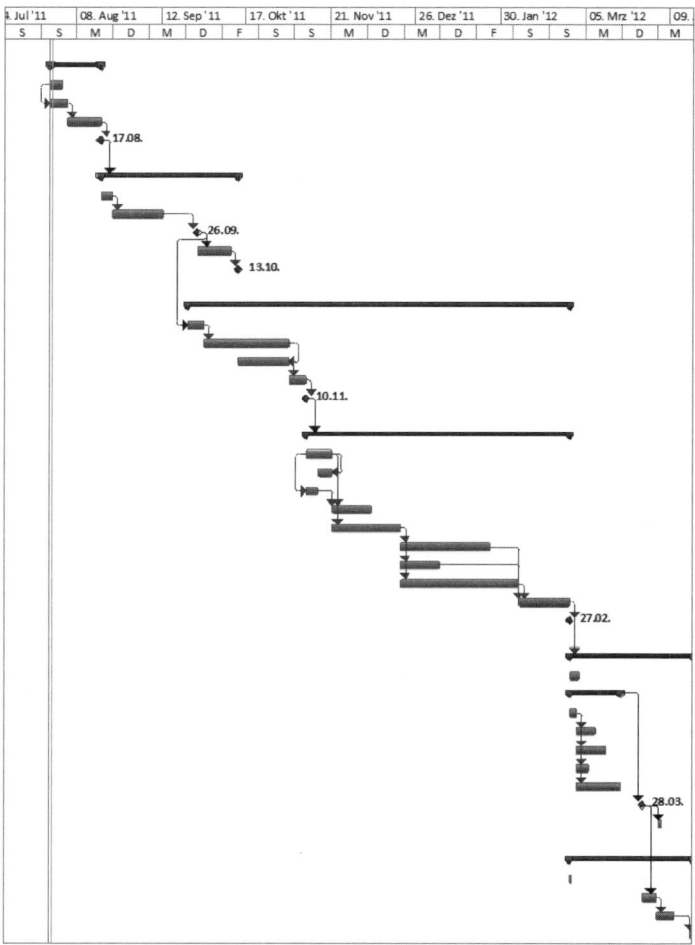

Abbildung 6.7   Der fertige Projektplan (Teil 2)

6.5.2 Puffer

Manche Manager bekommen regelrecht allergische Anfälle, wenn sie das Wort *Puffer* nur hören. Sie stellen sich dann wahrscheinlich vor, dass Sie gerade auf Rimini die Strandpromenade hinunterschlendern und dabei das Projektbudget auf den Kopf hauen, während der Wettbewerb in Lichtgeschwindigkeit am Unternehmen vorbeizieht.

Das sollten Sie daher berücksichtigen: Puffer müssen nicht nur mit fachlicher, sondern auch mit psychologischer Klugheit geplant werden. Und das sollten Sie auch bedenken: Ohne Puffer sollten Sie lieber gleich nach Rimini fahren, denn: Puffer sind für jedes Projekt absolut notwendig.

Warum? Betrachten Sie dazu die in Abbildung 6.8 dargestellte Kette von Vorgängen.

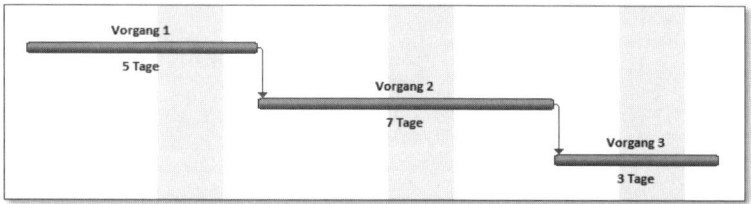

Abbildung 6.8 Drei Vorgänge ohne Puffer

Egal, welcher Vorgang hier länger dauert als geplant, das gesamte Projekt endet verspätet. Man nennt eine solche Folge von Vorgängen auch den *kritischen Pfad*. Es ist dabei nicht wichtig, wie viele Vorgänge Ihr Projektplan umfasst – es genügt eine einzige Verspätung eines Vorgangs auf dem kritischen Pfad, und der Endtermin ist nicht mehr zu halten.

Keine sehr schöne Vorstellung. Daher gibt es einen Puffer, den wir nun in Vorgang 2 einbauen (siehe Abbildung 6.9).

Hier ist die Situation schon komfortabler: Vorgang 1 und 2 können bis zu vier Tage länger dauern, weil diese Zeit über den Puffer aufgefangen werden kann. Dieses sogenannte *Puffermanagement* ist ein weiterer Vorteil für den Einsatz von Software in der Projektplanung, denn diese kann Ihnen sowohl die kritischen Pfade ausweisen, als auch Was-wäre-wenn-Betrachtungen anstellen. Zudem erhalten Sie für jeden Vorgang nicht nur den *frühest*möglichen Beginn und das *frühest*mögliche Ende, sondern auch den *spätest*möglichen Beginn sowie das *spätest*mögliche Ende (siehe Abbildung 6.10).

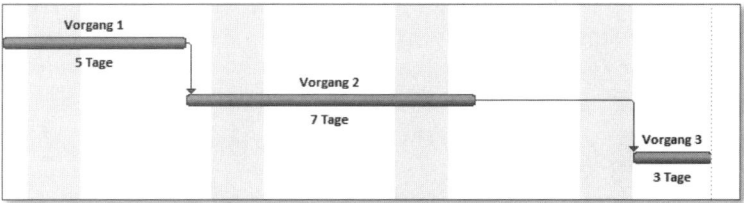

Abbildung 6.9   Vorgang 2 enthält nun einen Puffer von vier Tagen.

Vorgang 2	2
Fr. Anf. 05.08.11	Fr. Ende 15.08.11
Sp. Anf. 11.08.11	Sp. Ende: 19.08.11
Dauer: 7 Tage	4 Tage

Abbildung 6.10   Ausgewiesene Pufferzeit (vier Tage)

Die Einarbeitung von Pufferzeiten unterscheidet sich ein wenig von Software zu Software. Im fertigen Projektplan habe ich die Pufferzeiten durch fest eingetragene Vorgangsbeziehungen eingetragen (zum Beispiel 36EA+7 Tage = sieben Tage Puffer). Das ist für MS Project eigentlich nicht ganz richtig, aber es wird häufig so praktiziert und ist bequem. Der Nachteil dabei: MS Project interpretiert eine solche Beziehung eigentlich so: Der Vorgang Nr. 37 kann frühestens 7 Tage nach dem Ende von Vorgang 36 beginnen, was kein Puffer, sondern eine Einschränkung ist. Wenn Sie also eine Darstellung wie in Abbildung 6.10 wünschen, dann müssen Sie in MS Project zum Beispiel mit festen Zeiten arbeiten. Aber das würde uns hier zu weit führen. Viel wichtiger sind die folgenden Informationen zu Puffern.

Wichtiges zu Pufferzeiten

▶ Puffer sind notwendig.

▶ Puffer müssen mit Augenmaß und Feingefühl platziert werden.

▶ Arbeiten Sie lieber mit fest ausgewiesenen Puffern, als einen versteckten Puffer bei jedem Vorgang hinzuzufügen, zum Beispiel indem Sie für einen Vorgang, der eigentlich fünf Tage dauert, »7 Tage« eintragen.

▶ Puffern Sie möglichst nur besonders risikoreiche Vorgänge, bei allen anderen Vorgängen ist es meist besser, wenn Sie einen Puffer nach mehreren Vorgängen oder nach einer ganzen Projektphase einbauen.

▶ Zählen Sie am Ende zusammen, und achten Sie bitte immer darauf, dass Vorgangs- und Pufferzeiten in einem ausgewogenen Verhältnis zueinander stehen.

▶ Was ist ein ausgewogenes Verhältnis? Es gibt keine allgemein verbindlichen Angaben zur Größe der Pufferzeiten, auch wenn Sie von solchen lesen sollten. Es gibt viele Kriterien für die Dauer: Die Qualität der Zeitschätzung, die Zuverlässigkeit Ihres Teams, das Risiko in den Vorgängen selbst usw. Das alles können nur Sie selbst einschätzen.

▶ Puffer müssen, wie alle anderen Projektzeiten auch, »verkauft« werden, vor allem dem Auftraggeber. Nehmen Sie daher vorsichtshalber Baldrian und Riechsalz zur Besprechung mit.

▶ Nutzen Sie die Vor- und Rückwärtsrechnung, und sehen Sie zunächst, wo Sie ohne Puffer landen würden.

Puffer lassen sich übrigens noch feiner unterscheiden:

▶ *Freie Puffer:* Das ist der Zeitraum, den ein Vorgang länger als geplant dauern kann, ohne dass sich dadurch der nachfolgende Vorgang verspätet.

▶ *Gesamter Puffer:* Das ist der Zeitraum, den ein Vorgang länger als geplant dauern kann, ohne dass sich dadurch das Projektende verschiebt.

6.5.3 Meilensteine

Im Projektplan finden Sie einige Vorgänge mit der Dauer »0«. Diese Vorgänge sind *Meilensteine.* Ein Meilenstein ist ein Ereignis von besonderer Bedeutung. In meinem Beispiel sind die Abnahmen von Lastenheft und Pflichtenheft solche Meilensteine.

Meilensteine lösen oft etwas aus im Projekt, zum Beispiel eine Besprechung oder eine Zahlung. Oder aber eine Entscheidung, wie im »Make or

Buy«-Meilenstein. Hier wird entschieden, ob lieber eine Software zuge-
kauft oder selbst entwickelt werden soll – diese Information lässt sich aus
den Vorgängen selbst so nicht ablesen.

An anderen Stellen ist der Meilenstein einfach der letzte »Vorgang« in einer Phase, zum Beispiel die Testfreigabe. Ein Meilenstein hat dann einen
abschließenden Charakter. Eine Phase endet dann nicht einfach mit ihrem
letzten Vorgang, sondern das Ergebnis oder die Entscheidung wird am
Ende in einem Meilenstein griffig zusammengefasst.

Das ist nicht nur übersichtlich, es ist auch für das Projektcontrolling nützlich, weil sich mit jedem Meilenstein Controllingaufgaben verknüpfen
lassen. Und, natürlich, lässt sich auch jeder Meilenstein gebührend feiern.

6.6   Phase 4: Ressourcen planen

Über Ressourcen habe ich schon im vorherigen Abschnitt berichtet, im
Zusammenhang mit der Zuordnung von Ressourcen zu Vorgängen im
Projektplan.

Mit Ressourcenplanung könnte man dieses und einige weitere Bücher
spielend füllen. Andererseits ist dies ein Praxisbuch, und die Projekte von
Wissensarbeitern – und das sind IT-Projekte nun einmal – folgen ihren eigenen Gesetzen. Wir planen oft Entwicklungs- oder Einführungsprojekte
und nicht die nächste Großbaustelle in Berlin-Mitte.

Für die Ressourcenplanung beschränke ich mich also auf einige Empfehlungen:

▶   Hinterlegen Sie Ressourcen zu Vorgängen, weil das die Klarheit im
    Projekt fördert und Ihnen das Controlling erleichtert.

▶   Ressourcenkalender führen Sie am besten immer dann, wenn Sie auf
    Sachmittelressourcen zugreifen müssen, die nicht immer verfügbar
    sind.

▶   Auch bekannte Urlaube und andere Abwesenheiten sollten Sie im Pro-
    jektplan erfassen.

Dass die Ressourcenplanung in der Praxis häufig Probleme bereitet, liegt
in der Natur der Sache: Unbeschränkte Wünsche treffen auf beschränkte
Ressourcen. Hinzu kommt die Agilität, die in zunehmendem Maße in

Unternehmen Einzug hält. Sie können einfach nicht davon ausgehen, dass einmal getroffene Vereinbarungen über den gesamten Projektzeitraum Gültigkeit haben. Im Projektgeschäft gilt ganz besonders: Wer zu spät kommt, den bestraft das Leben. Sie müssen mit allen anderen »Zeitdieben« um Ihre Ressourcen kämpfen (siehe Abschnitt 5.2, »Der Projektleiter als Zeitdieb – oder: So werben Sie um Ihr Projektteam«).

Wichtiges zur Ressourcenplanung

▶ Gerade in der IT gilt: Zwei Teammitglieder können mit völlig unterschiedlicher Effizienz an einem Vorgang arbeiten. Daraus ergibt sich: Man kann nicht einfach zwei Mitarbeiter gegeneinander austauschen. Und: Je besser Sie Ihr Team kennen, die Fähigkeit jedes Einzelnen, desto genauer wird Ihr Plan werden.

▶ Achten Sie auch auf die Qualifikation. Im Zweifel sollten Sie den Vorgang etwas verlängern oder Pufferzeiten einbauen.

▶ In den meisten Fällen lässt sich nicht die volle Kapazität eines Teams für ein Projekt einsetzen. Zum einen ist die Projektarbeit vermutlich nur ein Teil von dessen Aufgaben, zum anderen gibt es auch unproduktive Zeiten.

▶ Fairness und Gleichbehandlung sind nicht immer so einfach zu erreichen, sollten aber, wenn immer möglich, bei der Zuteilung der Ressourcen berücksichtigt werden.

▶ Das Verlängern, Verkürzen, Verschieben oder Unterbrechen von Vorgängen ist keine mathematische Angelegenheit und sollte immer mit den Beteiligten besprochen werden – je früher, desto besser.

▶ Ressourcen bzw. Kapazitäten sind auch immer eine Frage von Prioritäten. Und die lassen sich häufig beeinflussen, wenn man sich deren bewusst ist.

6.7 Phase 5: Kosten planen

Vielleicht haben Sie sich auch schon einmal gefragt: Wie kann es bloß sein, dass Projekte am Ende doppelt so viel kosten, wie ursprünglich geplant? Und sicher fallen Ihnen jetzt auch Projekte ein, bei denen eine

Verdopplung der Kosten eine gnädige Untertreibung wäre. Gut – 10 bis 20 % mehr, das wäre nachvollziehbar, aber doppelt und dreifach?

Lassen wir die politische Ebene einmal aus dem Spiel, also letztlich die Frage, wie Projekte beantragt und genehmigt werden, dann ist die Antwort einfach: Kosten werden sehr häufig unterschätzt oder sogar vergessen, in vielen Fällen beides zusammen.

Die wichtigste Botschaft lautet zunächst:

Seien Sie hinsichtlich der zu erwartenden Kosten ehrlich, besonders zu sich selbst.

Bei den Puffern für Kosten gilt dasselbe wie bei den Puffern in der Zeitplanung: Niemand möchte sie haben, aber jeder weiß, dass sie wichtig sind.

Aber der Reihe nach. Welche Kosten sind zunächst überhaupt zu berücksichtigen? Lautet die Antwort auf diese Frage nicht: alle?! Das kommt darauf an. Im ersten Schritt gilt es also zu klären, welche Kosten überhaupt geplant werden müssen.

6.7.1 Schritt 1: Welche Kosten fallen überhaupt an, und welche davon sind relevant?

Es gibt viele Kostenblöcke im IT-Projektmanagement, konkret:

▶ *Personalkosten:* also Aufwände für intern erbrachte Leistungen – vom eigenen Personal eben.

▶ *Kosten für extern erbrachte Dienstleistungen:* Das sind Kosten, die von Dritten in Rechnung gestellt werden – für Programmierung, Consulting oder jede andere Dienstleistung, die im Zusammenhang mit dem Projekt steht.

▶ *Sachmittelkosten:* Wie der Name schon sagt, sind das Kosten für eingesetzte Sachmittel, wie Softwarelizenzen, Hardware oder Literatur.

Diese Aufzählung kann noch weiter differenziert werden. Soll die Anwendung extern gehostet werden? Dann könnte man diese Kosten als Betriebs- oder Wartungskosten bezeichnen. Wir befinden uns in der *Kostenrechnung*, und dort bezeichnet man solche Kategorien, in die sich Kosten einteilen lassen, als *Kostenarten*.

Grundlage für alle Betrachtungen ist der Projektplan, in dem ja das Projekt bereits in einzelne Vorgänge zerteilt wurde. Jeder Vorgang verursacht Kosten. Die Fragen sind nur:

▶ Sind die Kosten zu planen? Wenn interne Aufwände nicht erfasst und verrechnet werden, dann erübrigt sich die Planung der Personalkosten.

▶ Zu welcher Kostenart gehören diese Kosten?

▶ Wie hoch werden die voraussichtlichen Kosten sein?

Bei der ersten Frage hilft Ihnen der Auftraggeber. Er ist für das Budget verantwortlich, und daher muss er auch wissen, welche Kosten dort zu berücksichtigen sind – auf welcher Grundlage sollte er seine Entscheidungen auch sonst treffen?

Bei der zweiten Frage kann Ihnen Ihr Rechnungswesen behilflich sein, die alle Konten der Kostenrechnung erfasst und pflegt. Denn Kostenarten sind letztlich auch nur Konten.

6.7.2 Schritt 2: Wie hoch sind die Kosten?

Bei der dritten Frage helfe ich Ihnen. Zunächst können Sie Abschnitt 6.1, »Lieber schätzen als verzocken«, zurate ziehen, in dem es um die Schätzung von Aufwänden geht – die Grundlage für die anfallenden Kosten. Außerdem sind hier natürlich Angebote, Rahmenvereinbarungen und andere vertragliche Dokumente relevant.

Die Schwierigkeit ist, wie immer, der frühe Zeitpunkt, zu dem diese Daten notwendig sind. Den Projektplan sollten Sie bereits vorliegen haben, wenn Sie auf Kostenlotto keine Lust haben, aber auch mit dem Projektplan bleiben noch genügend Variablen übrig. Da hilft nur ein wenig Know-how und Strategie.

Kosten richtig schätzen

▶ Beurteilen Sie jeden Vorgang zunächst danach, wie genau Sie dessen Kosten überhaupt beurteilen können.

- ▶ Versuchen Sie immer, Ihr Bauchgefühl auf ein solides Fundament zu stellen. Sie glauben, für die Umsetzung der Funktion A benötigen Sie fünf Personentage à 800 Euro? Besprechen Sie das mit einem Dienstleister. Die Entwicklungsumgebung wird 1.000 Euro kosten? Lassen Sie sich ein Angebot machen. Aber: Ignorieren Sie dabei dennoch nie Ihr Bauchgefühl!

- ▶ Sie können einige Kosten beim besten Willen nicht schätzen? Sprechen Sie mit dem Auftraggeber darüber. Vielleicht akzeptiert er einen Kostenkorridor, ist also bereit, ein Stück Unsicherheit mitzutragen. Oder das Projekt wird in Phasen aufgeteilt, die separat beauftragt werden. Wie auch immer: Der Auftraggeber ist gleichzeitig auch Partner.

- ▶ Beherzigen Sie unbedingt die Empfehlungen zur Aufwandschätzung in diesem Buch.

- ▶ Berücksichtigen Sie die Erfahrungen von Kollegen.

- ▶ Vielleicht lässt sich das Kostenrisiko minimieren, indem einige Dienstleister Festpreisangebote abgeben?

Oft hilft es aber auch bereits, wenn die riskanten Positionen bekannt sind. Dann kann das Kostenrisiko insgesamt viel besser abgeschätzt werden, indem diese eigens bewertet werden.

6.7.3 Schritt 3: Kosten planen

Alle Kosten liegen auf dem Tisch. Nun müssen sie nur noch den Kostenarten zugewiesen und in Form gebracht werden. Das Ergebnis nennt man einen *Kostenplan*. Eine Vorlage finden Sie wie gewohnt auf der Bonus-Seite.

Dieser Kostenplan kann direkt in den Projektplan eingearbeitet werden – moderne Software unterstützt dies in aller Regel. Oder Sie fertigen eine Excel-Liste an, in der Sie die Kosten nach Kostenart und Vorgangsnummer gruppieren bzw. sortieren. Wenn Sie auch gleich weitere Spalten hinzufügen (für die späteren Ist-Kosten), können Sie dieses Dokument auch gleich für das Projektkostencontrolling hernehmen.

Bei einigen Kosten muss vorher noch die Grundlage geklärt werden. Wie hoch ist der Verrechnungssatz bei internen Kosten? Gilt dieser Verrechnungssatz pauschal? Und: Muss noch ein Zuschlag für die Sozialkosten berücksichtigt werden? Das lässt sich alles meist einfach in Erfahrung bringen.

6.7.4 Kostenplan genehmigen

Kommen wir wieder zum Ausgangspunkt zurück. Der Auftraggeber sieht Ihre Liste der zu erwartenden Kosten, verfällt in eine kurze Schockstarre und zückt dann den Rotstift. Was geht in ihm vor?

▶ Wenn die Kosten schon jetzt so hoch sind, wie hoch werden sie dann erst am Projektende sein? Schließlich ist es doch recht wahrscheinlich, dass die Kosten noch überschritten werden. Lieber (übertrieben) sportlich planen, die Zügel locker lassen ist später immer noch möglich.

▶ Scheibenkleister, ich Dösbaddel habe dem Vorstand gestern versprochen, dass die Projektkosten unter 200.000 Euro bleiben, und jetzt liegt schon die erste Planung darüber ...

▶ Was hat er (der Projektleiter) wohl noch alles vergessen?

▶ Wie viel Puffer mag dort enthalten sein? Bestimmt zu viel!

▶ Was macht er bloß mit dem vielen Geld, das er objektiv gar nicht benötigt, eben weil er so übertrieben geplant hat? Er achtet dann doch sicher nicht auf günstige Preise!

Hier hilft nur, ein »Auftraggeber-Versteher« zu werden, genauso wie auch Kostentransparenz und die Bereitschaft zum Dialog zielführend sind. Was für ein Typ ist der Auftraggeber, was sind seine Ziele?

▶ *Sparsamkeitsprinzip:* Soll ein fixes Ziel mit möglichst wenig Kosten erreicht werden?

▶ *Ergiebigkeitsprinzip:* Sind die Kosten gesetzt, und soll stattdessen erreicht werden, möglichst viel vom Pflichtenheft umzusetzen?

▶ *Optimumprinzip:* Wird eine Mischung aus beidem angestrebt? Wenn ja: Wo liegt dieses Optimum?

Bringen wir es abschließend auf den Punkt:

Kosten sind heikel. Sie verlangen ein hohes Maß an Vertrauen. Der Auftraggeber muss Ihnen vertrauen und sicher sein können, dass Sie mit seinem Geld (oder vielmehr mit dem Geld, für das er geradesteht) verantwortungsbewusst umgehen. Das kann Überwindung kosten.

Projektkostenplanung ist keine Sache für Notizblockkritzler. Wer sich später verantworten muss, sollte besser seine Entscheidungen – und die Grundlagen, auf denen sie beruhen – ordentlich dokumentieren.

6.8 Phase 6: Risiken erkennen und bewerten

Im Grunde genommen wären wir nun fertig – der Lohn ist ein Plan, dem der Realitätssinn nur so aus den einzelnen Vorgängen quillt. Die Vorgänge sind durchdacht, gut strukturiert, ihre Abhängigkeiten wurden modelliert, und Aufwand und Dauer wurden nach allen Regeln der Schätzkunst behandelt. Sie haben an den richtigen Stellen Puffer eingebaut, Meilensteine eingezogen, wo dies sinnvoll erschien, Ihre Ressourcen geplant und die Kosten in Reih und Glied gebracht. Damit lässt sich's gut leben. Und die Projektverwaltungssoftware hat das alles so sorgfältig durchgerechnet, dass Adam Riese und Eva Zwerg stolz darauf wären.

Dass Projekte Risiken bergen, ist kein Geheimnis mehr – sie sind uns schon früher begegnet, beispielsweise bei der Aufwand- und Kostenschätzung. Und dennoch lohnt es sich am Ende, über die Projektrisiken einmal separat und aus der Gesamtsicht heraus nachzudenken. *Risikomanagement* nennt man das etwas hochtrabend.

Risiken gibt es in allen Bereichen:

▶ *Kostenrisiken:* Das sind Risiken, bei denen die budgetierten Kosten aus dem Ruder zu laufen drohen. Beispiel: Für eine Dienstleistung liegen mehrere stark abweichende Angebote vor.

▶ *Personelle Risiken:* Es ist ungewiss, ob die Personalstärke ausreicht oder ob das zur Verfügung stehende Personal die nötige Qualität erbringen kann. Beispiel: In einer Abteilung gibt es infolge hoher Fluktuation viele neue Mitarbeiter.

▶ *Technologische Risiken:* Ist die verwendete Technologie tauglich, kompatibel und wird sie bereits ausreichend beherrscht? Beispiel: Es ist nicht sicher, ob die geforderten Performancekennzahlen mit dem vorhandenen Middleware-Server tatsächlich erreicht werden können.

▶ *Fachliche Risiken:* Ist eine Anforderung fachlich umsetzbar? Beispiel: In einem Softwareprojekt zur Wegeoptimierung des Lagers besteht Ungewissheit darüber, ob der geplante Algorithmus überhaupt machbar ist und ob er den gewünschten Effekt bringen wird.

▶ *Terminliche Risiken:* Ist der geplante Termin (bzw. der geplante Aufwand) zu halten, kann er überhaupt verlässlich geplant werden? Beispiel: In einer Datenbankanwendung sollen Altdaten migriert werden, zu denen es keine Dokumentation gibt. Die Aufwände dafür können also höher sein, als dies nach heutigem, noch lückenhaftem Kenntnisstand anzunehmen ist.

Bevor Sie nun ob solch vielfältiger Risikopotenziale eine depressive Verstimmung befällt, möchte ich Sie rasch darauf hinweisen, dass in aller Regel nur wenige Vorgänge davon betroffen sind. Schließlich haben wir die Planung ja mit Sorgfalt und Sachverstand durchgeführt.

Und so »managen« Sie das Risiko in Ihrem Projektplan:

1. Der erste Schritt im Risikomanagement besteht darin, diese Vorgänge zu erkennen und zu markieren, am besten direkt im Projektplan.

2. Im zweiten Schritt versuchen Sie einzuschätzen, wie wahrscheinlich es ist, dass in den so identifizierten Vorgängen etwas schiefläuft.

3. Im dritten Schritt überlegen Sie sich die möglichen Auswirkungen des jeweiligen Risikos auf den Vorgang. Die typische Frage dabei ist: Was hat das für Auswirkungen auf Umfang, Qualität, Kosten und Termine? Ist es ein geringes Risiko mit großen Auswirkungen, ein großes Risiko mit nur geringen Auswirkungen oder gar ein großes Risiko mit großen Auswirkungen?

4. Wenn ein Risiko bis hierher durchgehalten hat, durch alle Phasen der Planung hindurch, dann ist es ein *echtes* Risiko – wir können es nicht wirklich vermeiden. Aber es ist vielleicht dennoch möglich, rechtzeitig Maßnahmen zu ergreifen oder gewisse Dinge vorzubereiten. Beispiel: Wenn es unklar ist, ob die Regeln zur Wegeoptimierung im Lager umsetzbar sind, könnte ein zweites, einfacheres Verfahren bereits in der Schublade liegen. Wenn unsicher ist, ob eine Leistung in der erforderlichen Qualität erbracht werden kann, ist es vielleicht möglich, bereits vorab mit einem externen Consultant zu sprechen, um ihn im Bedarfsfall schnell ins Boot holen zu können.

> **Aus der Praxis**
>
> In meiner eigenen Praxis lege ich mir für fast alle Risiken einen Plan B zurecht. Mindestens, denn in einigen Fällen bemühe ich auch noch einen Plan C oder sogar zusätzlich einen Plan D. Das führt mitunter zur Erheiterung des Teams, hat sich aber schon unzählige Male bewährt. Denn wenn sich Risiken schon nicht vermeiden lassen, dann kann man ihnen wenigstens angemessen begegnen – und das ist meist eine Sache der richtigen Vorbereitung.

Auch jetzt habe ich natürlich einen Plan B für Sie: Lesen Sie Abschnitt 4.1, »In den Kerker mit Murphy – warum Optimismus so wichtig ist«.

6.9 Projektphasen

In diesem Kapitel war viel von Projektphasen die Rede. Erfahrungsgemäß haben jedoch viele Projekteinsteiger Schwierigkeiten damit, diese Phasen zu finden. Natürlich gibt es auch Fälle, in das Phasenmodell bereits gesetzt ist – wie es häufig in Industrie und Großunternehmen der Fall ist. Dann lohnt es sich aber dennoch, zumindest einmal darüber nachzudenken.

Bevor wir beginnen, möchte ich noch auf ein häufig anzutreffendes Missverständnis eingehen, das in etwa so lautet:

Projektphasen? Das ist doch Schnee von gestern, ein starres Relikt aus der Urzeit des Projektmanagements! Heute werden Projekte nach agilen Methoden durchgeführt, und dort gibt es so etwas nicht.

Mitnichten, liebe Anhänger der agilen Projektkunst, mitnichten! Fassen wir zusammen:

Out	In
Nur ein einziges mögliches Ablaufmodell	Anpassen des Modells an die Erfordernisse des Projekts
Starrer Ablauf der Phasen	Iterationen, Rückschritte und Sprünge sind möglich

Tabelle 6.1 Projektphasen im Spiegel der heutigen Zeit

Out	In
Ergebnisse der Projektphasen sind fix.	Ergebnisse der Projektphasen können im Laufe des Projekts verfeinert und angepasst werden.
Detaillierte Planung der Phasen bereits zu Projektbeginn	Grobplanung zu Beginn, die im Projektverlauf genauer und feiner wird
Feste Vertragsgestaltung	Feste Vertragsgestaltung mit vereinbartem Freiraum
Ergebnisse liegen nach der Projektphase vor.	Vorzeigbare Ergebnisse in kurzen Intervallen, noch innerhalb einer Projektphase
Klassisches Projektmanagement	Agiles Projektmanagement

Tabelle 6.1 Projektphasen im Spiegel der heutigen Zeit (Forts.)

Wenn Sie an agilen Methoden interessiert sind, dann lade ich Sie auf einen Sprung zu Kapitel 8, »Immer schön beweglich bleiben – agile Methoden«, ein. Aber nun zunächst zu der Frage, wofür Projektphasen eigentlich gut sind.

Die Top 7 der Verwendung von Projektphasen

► Projektphasen verlangen ein definiertes Ergebnis am Ende, das geplant, aber vor allem auch kontrolliert werden kann.

► Projektphasen sind die oberste Ebene und damit eine wichtige Grundlage für die (Vertrags-)Beziehungen zwischen den Projektbeteiligten.

► Die Kommunikation nach außen ist viel einfacher, wenn man einen Namen für die aktuelle Phase hat: Man kann Fortschritte zum Beispiel leichter kommunizieren. Die Kommunikation nach innen ist ebenfalls deutlich einfacher: Unter den Projektphasen versteht jeder im Projekt dasselbe.

► Projektphasen lassen sich relativ einfach mit Budgets, Terminen und anderen Kenngrößen im Projektmanagement verbinden.

► Die gängigen Projektphasen sind weithin bekannt und gebräuchlich, man kann so Projekte (in Grenzen) miteinander vergleichen.

> ▶ Die allermeisten Entscheider im Unternehmen denken und arbeiten in Phasen, weil sie so die Übersicht wahren und die Ergebnisse besser kontrollieren können. Wenn Sie deren Unterstützung benötigen, müssen Sie auch deren Sprache sprechen.
>
> ▶ Projektmanagementsoftware arbeitet für gewöhnlich mit hierarchischen Vorgängen – also mit Phasen auf oberster Ebene.

Natürlich, auch das ist wahr, Projektphasen sind eine Vereinfachung der Realität und daher auch mit Nachteilen verbunden:

▶ Die einzelnen Projektphasen lassen sich manchmal nur schwer voneinander abgrenzen, zum Beispiel weil sie ineinander übergehen.

▶ Iterationen, oder jede andere Form von Sprüngen im Projektplan, sind nur schwer abzubilden.

Im Folgenden möchte ich Ihnen ein Phasenmodell vorstellen, wie es sich für die Softwareentwicklung eignet. Es entspringt meinen eigenen Projekten und ist daher ausführlicher als die in der Literatur sonst beschriebenen Modelle. Es steht Ihnen natürlich frei, einzelne Phasen wegzulassen, wenn diese für Ihr Projekt nicht notwendig sind. Ich habe für die einzelnen Phasen gängige Bezeichnungen gewählt, aber es sind dies nicht die einzig möglichen. Manchmal spricht man auch von Grob- oder Feinkonzept, von Definition und Realisierung – und nicht immer verstehen zwei Personen genau dasselbe unter diesen Begriffen. Zum Glück gibt es nicht sehr viele dieser Begriffe, und solange Sie und Ihr Projektteam wissen, was gemeint ist, ist alles in bester Ordnung.

Jede Phase hat ein Ziel und ein Ergebnis, das Voraussetzung für die jeweils nächste Phase ist. Im besten agilen Sinne sind Iterationen möglich und sogar in einigen Phasen die Regel – denken Sie nur an die enge Verzahnung zwischen Entwicklung und Softwaretest. Auf der Bonus-Seite finden Sie einen Musterprojektplan.

Beginnen wir mit der ersten Phase, der Problemanalyse.

Phase 1: Problemanalyse

Aufgaben: Die Schwachstellen sollen analysiert und identifiziert werden. Somit wird der Projektbedarf überhaupt erst geweckt oder konkretisiert.

Ergebnis: die dokumentierten Schwachstellen sowie der Projektauftrag

Meilenstein: –

Diese Phase wird häufig von der Fachabteilung durchgeführt. Um Geld und andere Ressourcen für ein Projekt »lockerzumachen«, sind gute Gründe gefragt, die in dieser Phase gesucht und dokumentiert werden.

Phase 2: Anforderungsanalyse

Aufgaben: Die Anforderungen werden vom Kunden benannt und dokumentiert. Aus den zuvor festgestellten Schwachstellen entstehen durch Diskussion und Überlegung:

Ergebnis: Lastenheft

Meilenstein: Abnahme durch die Fachabteilung

Das Lastenheft enthält vor allem die gewünschten Funktionalitäten (aber noch ohne Lösungsweg). Daneben gibt es jedoch auch nicht funktionale Aspekte, die dort formuliert werden können: Anforderungen an die Performance zum Beispiel oder Sicherheitsvorgaben, die erfüllt werden müssen.

Häufig werden Lastenhefte bereits dafür genutzt, um damit Angebote anzufragen. Aber sie sind nur selten so detailliert und überhaupt gut genug, dass es wirklich möglich wäre, sich auf ihrer Grundlage festzulegen – erst recht, wenn ein Festpreisangebot verlangt wird. Daher heißt es in der Regel, in der nächsten Phase detaillierter vorzugehen.

Phase 3: Spezifikation

Aufgaben: Während das Lastenheft sich auf das »Was« konzentriert, kommt in dieser Phase das »Wie« hinzu, also der Lösungsweg. Das Ergebnis ist damit deutlich konkreter als das Lastenheft.

Ergebnis: Pflichtenheft

Meilenstein: Abnahme durch den Auftraggeber

Oft ist der Auftraggeber gar nicht in der Lage, das Pflichtenheft zu erstellen, weil ihm die nötigen Kenntnisse oder die dafür erforderliche Zeit fehlen. Dann kann er den Auftragnehmer oder den Projektleiter mit der Erstellung beauftragen – was auch recht häufig geschieht. Wichtig ist nun, dass die Entwicklung damit etwas anfangen kann, dass sie also mithilfe des Pflichtenheftes die gewünschte Software entwickeln kann.

Phase 4: Prototyp

Aufgaben: Erstellung eines (meist funktionslosen) Prototyps, um mit dem Auftraggeber zielgerichtet sprechen zu können.

Ergebnis: Prototyp

Meilenstein: Abnahme durch den Auftraggeber

Diese Phase fehlt häufig in der Praxis. Sie kann aber sinnvoll sein, wenn der Auftraggeber selbst nicht recht weiß, wie die fertige Lösung aussehen und sich »anfühlen« soll. Bevor dann erhebliche Ressourcen in die Entwicklung fließen, kann der Auftraggeber seine Vorstellungen damit auf den Boden bringen und in das Projekt mit einfließen lassen. Es kritisiert sich eben viel leichter, wenn bereits etwas Konkretes entstanden ist.

Natürlich ist es auch möglich, den Prototyp noch vor der Spezifikation zu erstellen. Und in einigen, meist größeren Projekten können auch mehrere Prototypen entstehen – in unterschiedlichen Phasen des Projekts.

Phase 5: Architektur- und Designentscheidungen

Aufgaben: Die Softwarearchitektur wird ermittelt und dokumentiert, und es werden wichtige Designentscheidungen getroffen.

Ergebnis: Architekturdiagramm, verschiedene Dokumente

Meilenstein: Abnahme durch den Auftraggeber oder Entwicklungsleiter

Manchmal wird diese Phase übersprungen oder in der Spezifikation mit erledigt. In größeren Projekten ist die Architektur der zu entwickelnden Software aber von so zentraler Bedeutung, dass eine eigene Phase auch hier die Planung und das Controlling erleichtern kann. Vor allem dann, wenn das System viele Verbindungen zu anderen Systemen unterhält.

Auch Designentscheidungen gehören dazu. Nehmen wir an, im Pflichtenheft sind bereits Bildschirmmasken spezifiziert (so sollte es sein), dann könnte jetzt entschieden werden, welche GUI-Technologie zum Einsatz kommt, zum Beispiel Silverlight oder ein Desktop-Client.

Phase 6: Entwicklung

Aufgaben: Klar, die Software wird jetzt programmiert.

Ergebnis: Beta-Versionen, Release Candidates, RTM-Version

Meilenstein: Testfreigaben durch den Entwicklungsleiter

Zeit wird's – für die Entwicklung. Die Entwicklung ist solch eine typische Phase mit hohem iterativem Anteil, der zudem eng mit der Qualitätskontrolle verzahnt ist. Wie eng, das hängt maßgeblich vom Entwicklungsmodell ab. Aber auch wenn Rücksprünge vorkommen, gibt es doch jeweils ein Ergebnis, zum Beispiel die erste Beta-Version oder die Testfreigabe dieser Beta-Version.

Iterationen können Sie im Projektplan übrigens eigens planen, wenn Sie möchten. Sie müssen dann aber Annahmen über die Anzahl der Iterationen treffen (zum Beispiel Beta1, Beta2 und Beta3). Oder Sie planen nur die groben Entwicklungsergebnisse (Beta, RC, RTM) und überlassen Anzahl und Dauer der einzelnen Iterationen dann den Entwicklungs- und QA-Teams.

Phase 7: Softwaretest

Aufgaben: Test der zuvor freigegebenen Software durch das QA-Team

Ergebnis: Testprotokoll, Abnahmeprotokoll

Meilenstein: Produktionsfreigabe, Abnahme durch den Auftraggeber

Nun zum Zwilling der Entwicklung, zu den Softwaretests. Die meisten Tester, die ich kenne, testen eine Software gerne am Stück, betrachten den Test also als eigene Phase. Dennoch warten sie natürlich nicht, wenn sie eine Frage haben, oder testen die Software zu Ende, wenn sie noch nicht den nötigen Reifegrad für die Tests aufweist. Die Phase endet mit einem Meilenstein, der Freigabe der Software für die Produktion – in aller Regel durch den Leiter des QA-Teams in Zusammenarbeit mit dem Auftraggeber (oder mit jemandem aus der Fachabteilung), der die Software abnimmt.

Phase 8: Migration

Aufgaben: Übernahme eventueller Altdaten in das neue System (mit oder ohne manuelle Nacharbeit)

Ergebnis: migrierte Datenbank, migrierte Konfigurationsdatei usw.

Meilenstein: Abnahme der Migration durch Auftraggeber, QA-Leiter und/oder Fachabteilung – je nach Organisation und Erfordernissen

---

Die Migration kann sehr kurz, aber auch extrem lang sein. Ich plane diese Phase gerne separat, weil sie mit einer Abnahme endet und deren Ergebnisse für die Produktivstellung der Software von großer Bedeutung sind.

Phase 9: Schulung

Aufgaben: Schulung der Anwender und Administratoren in der neuen Software

Ergebnis: geschulte Mitarbeiter

Meilenstein: –

Oft vergessen, oft ignoriert, noch öfter bereut: die Anwender dort abzuholen, wo sie stehen. Und das bedeutet: Sie stehen noch mit beiden Beinen im Vorgängersystem – oder in der Luft, wenn es ein solches nicht gibt. Eine gute Schulung ist für die Akzeptanz einer Software, und damit für den subjektiv empfundenen Projekterfolg, meist wichtiger als völlige Fehlerfreiheit oder ein möglichst großer Funktionsumfang. Die Schulung kann auch zu einem früheren Zeitpunkt im Projekt stattfinden – idealerweise aber kurz vor der Inbetriebnahme, damit die Anwender kurz darauf das Gelernte anwenden können.

> **Phase 10: Inbetriebnahme**
>
> *Aufgaben:* Bereitstellung der Laufzeitumgebung (Hard- und Software) und Installation der Software
>
> *Ergebnis:* fertig installiertes und lauffähiges System
>
> *Meilenstein:* Produktionsfreigabe

Jetzt wird's ernst, die Software geht in Produktion. Manchmal wird diese Phase noch geteilt, indem die Software zunächst noch einmal in einer produktionsnahen Umgebung, dem »Staging-System«, abschließend getestet wird.

> **Phase 11: Begleitete Einführung**
>
> *Aufgaben:* Während der ersten Zeit sollte erhöhte Wachsamkeit gezeigt werden, und es sollten zudem verstärkt Kapazitäten für die Behebung von Fehlern bereitgestellt werden.
>
> *Ergebnis:* ein ausgereiftes System
>
> *Meilenstein:* neue Releases, aufgrund von Bugfixes oder vergessenen Anforderungen

Auch diese Phase trifft man in der Praxis eher selten an, und so kracht es oft ordentlich im Gebälk, meist kurz nachdem die Software in Produktion ging. Häufig unnötigerweise – denn jedem ist klar, dass neue Software zu Beginn noch Fehler enthält. Die Frage lautet: Wie gehen Sie als Projektleiter damit um? Am besten, indem Sie die Einführung noch eine Weile begleiten und während dieser Zeit kurzfristig reagieren – was nur gelingt, wenn dann auch noch freie Kapazitäten bereitstehen. Für den gefühlten (und nach oben kommunizierten) Erfolg des Projekts ist diese Phase die vielleicht wichtigste Phase im gesamten Projekt.

Nach der begleiteten Einführung finden häufig noch weitere Tätigkeiten statt: zum Beispiel das Abschalten des Altsystems, wenn eine Paralleleinführung stattfand.

Phase 12: Wartung

Aufgaben: reguläres Bugfixing und Funktionserweiterung im Rahmen der Release-Planung

Ergebnis: neue Releases

Meilenstein: jeweils Abnahme durch Auftraggeber/QA/Fachabteilung – je nach Organisation

Die Wartung befindet sich nun schon außerhalb des eigentlichen Projekts. Ist sie erreicht, können Sie die Füße hochlegen und endlich, endlich (!) Ihren wohlverdienten Cocktail schlürfen.

Die vorgestellten Phasen eignen sich besonders dann, wenn Sie sie an Ihre eigenen Bedürfnisse anpassen. In kleineren Projekten kann das vorgestellte Modell zu viel des Guten sein, in großen Projekten möchten Sie es vielleicht noch weiter differenzieren.

6.10   Zu guter Letzt

Manchmal ärgere ich mich über Ratgeber, die mir erzählen: Ich solle alles mit Augenmaß angehen, sorgfältig, aber nicht übertrieben pedantisch, also am Zweck ausgerichtet, vorsichtig, ohne pessimistisch zu sein, und so weiter und so fort. Das stimmt ja alles, trifft aber genauso auf die Zubereitung eines Eintopfs zu wie auf die Erziehung von Kindern – und auch auf das Projektmanagement, mehr oder weniger zumindest.

Auf Allgemeinplätzen kann man keine Projekte gründen, wenn sie nicht versanden sollen. Ich hoffe, ich konnte auf den letzten Seiten das Thema ganz praktisch behandeln und dieses Kapitel zur plattitüdenfreien Zone erklären.

Was aber nun, wenn Sie plötzlich die Realität einholt? Wenn der Auftraggeber schon mit den Hufen scharrt, das Projekt schon gestern abgeschlossen sein sollte – und wenn Sie einfach keine Zeit mehr haben, um die Phasen 1 bis 6 zu planen?

Dann wäre das der Moment, in dem die meisten Projekte in der Realität bereits zum Scheitern verurteilt sind. Eine dahingeschluderte und sorglose Planung ist häufig schlechter, als überhaupt keine Planung zu haben. Die folgenden Empfehlungen helfen Ihnen dabei, wenn es einmal sehr schnell gehen muss.

Projektplanung für ganz, ganz, ganz Eilige (aber bitte nur für diese!)

▶ Lesen Sie Kapitel 8 zu agilen Methoden im Projektmanagement.

▶ Beginnen Sie mit einem Rahmenplan, der die ersten 30 bis 50 % der groben Projektphasen beinhaltet, aber arbeiten Sie bitte die Phase, mit der begonnen wird, detailliert und sorgfältig aus.

▶ Vereinbaren Sie einen Termin, an dem der vollständige Projektplan vorliegen soll.

▶ Verzichten Sie auf ein gutes Stück Projektmarketing, aber nicht auf das Kickoff-Meeting.

▶ Vereinbaren Sie einen ersten groben Kostenrahmen, der die ersten zwei, drei Projektphasen abdeckt – eventuell auch mit dem Nachteil verbunden, dass Sie darüber noch nicht frei entscheiden können.

▶ Ignorieren Sie fürs Erste die Risiken, die jenseits der ersten Projektphase liegen.

▶ Gehen Sie den kurzen Dienstweg, wenn Sie kurzfristig Ressourcen für Ihr Projekt belegen müssen.

▶ Puffern Sie zu Beginn nur die gesamte erste Projektphase, und verzichten Sie auf weitere Meilensteine.

In dieser Vorgehensweise sind de facto viele Vereinfachungen enthalten, die später noch komplettiert werden müssen. Es ist ein also nur Plan, mit dem ein Projekt schnell begonnen werden kann. Er verschafft Ihnen die Zeit, die Sie für eine gute Projektplanung benötigen – nicht mehr, aber auch nicht weniger.

Das nächste Kapitel schließt thematisch an die Projektplanung an, es geht dort um die Durchführung und Steuerung von Projekten.

Der kluge Projektmanager wird manches übersehen, aber alles überschauen. (In Anlehnung an Lil Dagover.)

7 Flaute oder raue See? Projektdurchführung und Projektcontrolling

Hätte ich doch bloß den Backofen aufgemacht und selbst einmal nachgesehen! Dann hätte ich erkannt, dass die Temperatur viel zu niedrig war, und das Soufflé wäre nicht wie ein Häufchen Elend in sich zusammengefallen und infolgedessen im Müll gelandet. Und unseren Gästen hätte ich keine Tiefkühlware servieren müssen. Ja, hätte ich doch nur!

Dabei sah alles so gut aus – durch das Sichtfenster des Backofens. Ein Trugschluss. Ich musste damals gleich an Projektcontrolling denken und dabei lachen. Auch in Projekten gibt es ein Sichtfenster, eine Außendarstellung, die oft gut aussieht. Alles scheint im Zeitplan, die Projektschritte gehen gut voran, und vielleicht ist bereits ein Stück Software zu sehen. Doch plötzlich, scheinbar wie aus heiterem Himmel, ist alles anders: Das Projekt wird von heute auf morgen zum Problemprojekt, es läuft aus dem Ruder – oder besser gesagt, es ist schon längst auf Grund gelaufen, der Projektleiter hatte es nur noch nicht bemerkt.

Das soll Ihnen nicht passieren, dafür ist dieses Kapitel da. Es zeigt Ihnen, wie Sie Ihr Projekt im Griff behalten, ohne Paranoia und ohne dass das Projekt dadurch selbst in Gefahr gerät – schließlich fällt ja auch ein Soufflé zusammen, wenn man die Backofentür allzu oft und allzu lange öffnet.

Ihr Projekt ist schon in den Brunnen gefallen? Na, dann springen Sie besser gleich zu Abschnitt 7.4, »Der Projekt-Reset«. Dort erfahren Sie, wie ein Projekt wieder neu aufgestellt wird.

7.1 Der Aufschiebe-Effekt

Bei Projekten gilt: »Aller Anfang ist leicht«. Am Anfang läuft scheinbar alles glatt. Der Projektbeginn ist daher eine besonders heikle Phase. Aber warum ist das so?

▶ Am Anfang stehen noch alle Puffer zur Verfügung, es ist »noch genug Zeit da«, um Verzögerungen aufzuholen.

▶ Gerade zu Beginn stehen oft Vorarbeiten an, wie das Ausarbeiten einer Spezifikation. Es besteht die Gefahr, dass diese Phasen zum Termin einfach als fertig erklärt werden.

▶ Es sind meist nur wenige Projektmitarbeiter von Anfang an mit dabei.

▶ Das Team lebt noch vom Schwung des Projektauftakts.

Wenn Sie nun nachlässig werden, besteht die Gefahr, dass sich das wie ein roter Faden durch das Projekt zieht. Gerade zu Beginn sind also Disziplin und ein enges Projektcontrolling besonders wichtig.

Take away

▶ Achten Sie darauf, dass alle Projektmitglieder pünktlich beginnen. In dieser Phase geht oft die meiste Zeit verloren.

▶ Behalten Sie immer im Blick, dass Puffer für diejenigen Vorgänge benötigt werden, die ein hohes Risiko bergen – also meist erst viel später im Projekt.

▶ Seien Sie gerade am Anfang präsent. Zeigen Sie, dass Sie Ihr Projekt ernst nehmen und den Plan nicht schon aufgeben, bevor die Arbeit begonnen hat.

▶ Berücksichtigen Sie, dass Ihre Teammitglieder sich erst einmal finden müssen, was am Beginn zu Reibungen und damit Zeitverlusten führen kann.

Als Faustregel lässt sich sagen, dass die ersten 15 bis 20 % des Projekts besonders kritisch sind, mindestens jedoch die ersten vier Wochen. Danach können Sie sich ein wenig entspannen und beobachten, ob Sie auf einen Teil der Kontrollen verzichten können.

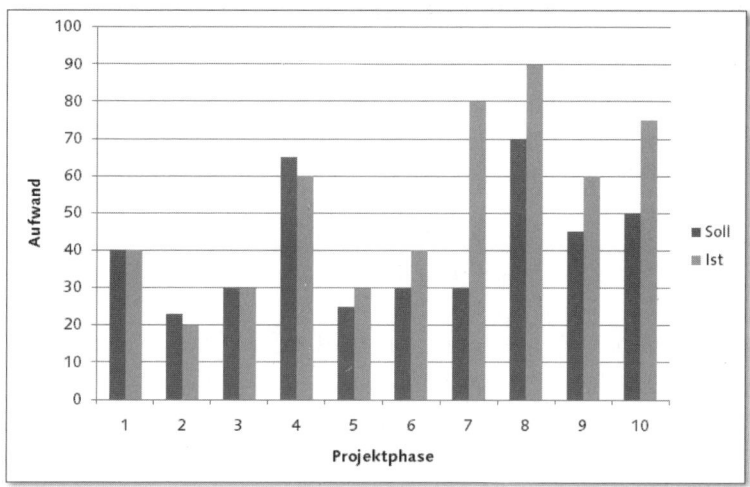

Abbildung 7.1 Vergleich zwischen geschätztem und tatsächlichem Aufwand

Abbildung 7.1 zeigt Ihnen einen typischen Projektverlauf. In den ersten Wochen sind die Vorgänge meist im Plan, obwohl gerade hier Potenzial vorhanden wäre, die Planung zu unterschreiten. Später ist es tendenziell umgekehrt, mit einzelnen Ausreißern bei besonders schwer abschätzbaren Vorgängen mit hohem Risiko.

7.2 Projektcontrolling ohne Paranoia

Vielen Projektmanagern fällt das Projektcontrolling schwer. Auch wenn es etwas moderner daherkommt, kann das Wort seine Abstammung von »Kontrolle« nicht leugnen, und wer möchte schon gerne kontrollieren (oder gar selbst kontrolliert werden)?

Projektleiter zu sein ist außerdem oft eine Aufgabe außerhalb der Linienorganisation eines Unternehmens, eine sogenannte »Stabsfunktion«. Das bedeutet, dass die meisten Projektleiter keine disziplinarische Weisungsbefugnis besitzen. Das bedeutet aber auch, dass Sie eben nicht nur der Kollege sind – Sie müssen schließlich ein Projekt, *Ihr* Projekt voranbringen.

Projektcontrolling verlangt also nach Fingerspitzengefühl und wohldosierter Durchsetzungsstärke. Und das im Spannungsfeld einer oft interdisziplinär zusammengesetzten Projektgruppe. Vielleicht ist es in Ihrem Projekt etwas leichter, weil es eine gut gelebte Projektkultur gibt, vielleicht aber auch nicht, und es ist zudem Ihr erstes Projekt? Egal, wir werden das Kind schon schaukeln.

7.2.1 Worum es genau geht

Reden wir gleich einmal Tacheles. Dass ein Projekt nicht im Plan ist, ist der Regelfall, nicht die Ausnahme. Einen Projektplan können Sie sich wie eine Landkarte vorstellen. Sie sagt Ihnen, wohin Sie fahren sollen (und bei Projekten zudem noch, wann Sie dort ankommen sollen), aber eben leider nicht, welche Hindernisse auf Ihrem Weg liegen werden. Vielleicht ist die Landkarte ungenau oder veraltet, oder was als gut ausgebauter Weg angezeigt wird, ist in Wirklichkeit eine Schotterpiste. Die zentrale Aufgabe des Projektcontrollings ist es daher, diese Abweichungen vom Plan zu erkennen und Maßnahmen zu ergreifen, um dem entgegenzusteuern.

Das können Maßnahmen sein, um das ursprüngliche Ziel dennoch planmäßig zu erreichen, zum Beispiel die Erteilung eines Entwicklungsauftrags an einen externen Dienstleister, um damit die Kollegen vor Ort zu unterstützen. Oder aber der Plan muss verändert werden wie in folgenden Beispielen:

▶ Einzelne Vorgänge dauern länger als geplant.

▶ Oder kürzer – auch das soll schon einmal vorgekommen sein.

▶ Die Reihenfolge von Vorgängen hat sich als nicht optimal erwiesen und muss daher getauscht werden.

▶ Es haben sich neue Abhängigkeiten herausgestellt, die berücksichtigt werden wollen.

▶ Es entfallen Vorgänge, oder neue kommen dazu.

▶ Ein Vorgang muss aufgeteilt werden, oder mehrere Vorgänge werden zu einem zusammengefasst, weil das kommoder erscheint.

Das setzt drei Dinge voraus. Achtung, darf ich um Ihre besondere Aufmerksamkeit bitten?

1. Es muss ein Plan vorhanden sein, damit sich eine Abweichung überhaupt als solche erkennen lässt.
2. Es muss eine Kontrolle stattfinden.
3. Die Ergebnisse müssen einen Einfluss auf den weiteren Projektverlauf haben, es sind Maßnahmen zu ergreifen.

Das Projektcontrolling lässt sich in Form eines Regelkreises darstellen (siehe Abbildung 7.2).

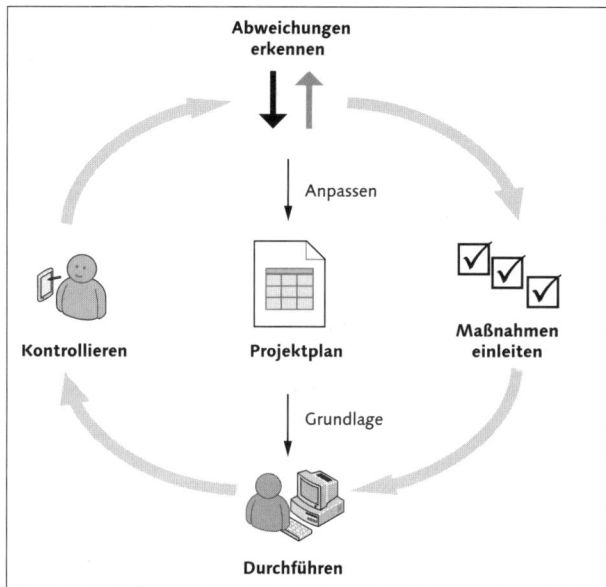

Abbildung 7.2 Der Regelkreislauf des Projektcontrollings

Die einzelnen Schritte sind:

▶ Die Projektmitglieder *führen Aufgaben aus*, die im Projektplan typischerweise als *Vorgänge* bezeichnet werden. Der aktuelle Projektplan ist also die Grundlage dafür.

▶ Der Projektleiter *kontrolliert* die Ergebnisse hinsichtlich der Qualität der geleisteten Arbeit, der Termintreue, des Umfangs und der verbrauchten Mittel (Ressourcen).

▶ Dabei können *Abweichungen* auftreten. Diese Abweichungen können zu einer Veränderung des Projektplans führen, der dann fortan in der neuen Version gültig ist.

▶ Aber auch *Maßnahmen* können notwendig werden. Vielleicht muss ein Kritikgespräch geführt werden, oder es sind externe Leistungen einzukaufen.

▶ Das führt nun ingesamt dazu, dass das Projekt wieder *auf Kurs* kommt und der Regelkreislauf von Neuem beginnt.

Aus der Praxis

Während der Entstehung dieses Buches habe ich ein schönes Beispiel erlebt, was passieren kann, wenn dieser Regelkreislauf nicht beachtet wird. Eine Abteilung in unserem Haus führte eine neue Software für das Telefonmarketing ein. Lange Zeit wurden nur Erfolge gemeldet. Das Projekt sei auf Kurs, hieß es immer wieder.

Bis urplötzlich dunkle Wolken heraufzogen. Es waren dies die üblichen Verdächtigen bei Software: mangelnde Leistungsfähigkeit, zu hohe Kosten und die spontan auftretende Erkenntnis, das System müsse ja noch an andere Systeme angebunden werden. Ja, und auch die Kosten wären nicht ausreichend geplant. Habe ich schon die mangelhaften, weil zu kurzen Schulungen erwähnt?

So verzögerte sich das Projekt, und ein Monat nach dem anderen verstrich. Der auftretende Druck führte schließlich dazu, dass die Software in Betrieb genommen wurde, ohne die Anwender ausreichend darin zu schulen. Aber kein Druck dieser Welt kann ein Projekt zum Erfolg führen, dessen Controlling vernachlässigt wurde (und das obendrein schlecht geplant wurde). Und so musste die Software schon kurze Zeit später wieder abgeschaltet werden.

Lassen Sie mich zum Schluss bitte noch einen wichtigen Leitsatz mit Ihnen teilen:

Die Projektplanung wird im Allgemeinen überschätzt, während die Bedeutung des Projektcontrollings generell unterschätzt wird. Aus einer schlechten Pla-

*nung wird mit einem guten Projektcontrolling schnell eine bessere Planung;
ein guter Plan bleibt ohne Projektcontrolling hingegen immer unzureichend.*

7.2.2 Erfolgsfaktoren

Bevor wir konkret werden und uns ansehen, wie Projektcontrolling in der
Praxis durchgeführt wird, möchte ich gerne die Erfolgsfaktoren erläutern.
Es sind dies Dinge, die sich nicht in ein Formular quetschen lassen, die
aber wesentlich sind und für alle Schritte gleichermaßen gelten.

Wichtige Erfolgsfaktoren des Projektcontrollings

▶ Projektcontrolling ist Chefsache, Sie höchstselbst, in Ihrer Eigenschaft
als Projektleiter, sind dafür verantwortlich.

▶ Projektcontrolling findet laufend statt. Es beginnt mit dem Projekt und
endet mit diesem.

▶ Projektplanung und Projektsteuerung gehören zusammen. Die Planung
ermöglicht erst die Steuerung, und die Steuerung wirkt auf die Planung
zurück.

▶ Kennzahlen sind wichtig, Interesse, persönlicher Einsatz, eine Brise
Skepsis und gesunder Menschenverstand jedoch wichtiger.

▶ Projektcontrolling kostet Zeit, vor allem die des Projektleiters.

▶ Projekte sind vor allem dann erfolgreich, wenn eine Kultur der Transparenz
gelebt wird. Jede Kurskorrektur ist ein Fortschritt (weil dadurch
neue Erkenntnisse gewonnen werden) und kein Indikator des Versagens.

▶ Alles, was geplant wurde, muss auch kontrolliert werden – triviale Fälle
einmal ausgenommen.

▶ Projektcontrolling verlangt nach einer gewissen Systematik und den
immer gleichen Methoden und Werkzeugen, wenn sie effektiv sein
soll. Doch dazu später noch mehr.

▶ Ohne Ehrlichkeit und Offenheit können Sie gleich das Glücksrad drehen
und haben noch Spaß dabei – weil Ihnen dann verlässliche Grundlagen
für die Steuerung fehlen.

> ► Ein Projekt ist immer auch ein Stück »Abenteuer« und per se mit Unsicherheit und Risiko verbunden. Wichtiger als die perfekte Planerreichung ist es, dass die Richtung stimmt und dass Abweichungen schnell und zuverlässig erkannt und korrigiert werden.

Vor einiger Zeit durfte ich einen Nachmittag als Navigator auf einem alten, traditionsreichen Segelschiff verbringen. Den Computer hatte man gemeinerweise abgeschaltet, und so musste ich mit Plan, Geodreieck, Bleistift und Radiergummi auskommen. Kaum hatte ich einen Kurs angegeben, war das Schiff kurze Zeit später schon wieder vom Kurs abgekommen! Als wäre der Klabautermann höchstselbst zu Werke gegangen. Das sei ganz normal, hatte man mir gesagt. Und wissen Sie was? Wir sind angekommen, wenn auch einigen meiner Schiffskameraden bei dem Gedanken an einen IT-Menschen als Steuermann recht mulmig war – aber das kann auch an der Windstärke 8 gelegen haben ...

7.2.3 Der Controllingfahrplan

Ich habe schon erwähnt, dass Controlling eine fortlaufende Aufgabe des Projektleiters ist und eine oft ungeliebte noch dazu. Deshalb ist es ungemein hilfreich, wenn Sie sich einen Controllingfahrplan erstellen, der Sie an Art, Umfang und Zeitpunkt Ihrer Projektüberwachung erinnert. Sehen Sie ihn als Leitfaden an, den Sie zu jeder Zeit an neu entstehende Bedürfnisse anpassen können. Auch für den Controllingfahrplan finden Sie eine Vorlage auf der Bonus-Seite.

Ein solcher Fahrplan gibt Antworten auf die Fragen:

► *Was* soll kontrolliert werden?

► *Wann* und in welchen Abständen?

► *Wie* soll dabei vorgegangen werden?

Wenn Sie jetzt noch eine Dokumentation erstellen, kann eigentlich kaum noch etwas schiefgehen.

Beginnen wir mit dem Gegenstand des Controllings, dem *Was*:

► *Termine:* Das ist der Klassiker schlechthin, und viele Projektmanager beschränken sich allein darauf. Das wäre aber falsch, denn was nutzt die Einhaltung von Terminen, wenn die Kosten überschritten wurden, die Qualität schlecht ist oder der Leistungsumfang zu gering ist?

▶ *Kosten:* Hier geht es einerseits um den Abgleich zwischen dem vorhandenen Budget und den bereits ausgegebenen Mitteln, aber auch zusätzlich um einen *Forecast*, also die Einschätzung, wie sich die Ausgaben bis zum Ende des Projekts hin entwickeln werden. Auch hier ist zu beobachten, dass häufig die Kosten im Auge behalten werden, der Forecast aber vergessen wird.

▶ *Umfang:* Wurden die Leistungen vollumfänglich erbracht? Ist beispielsweise das Lastenheft vollständig, und wurde alles programmiert, was im Pflichtenheft steht? Das sind hier die typischen Fragen.

▶ *Qualität:* Das Qualitätscontrolling ist aus mehreren Gründen wichtig. Einerseits natürlich, um den Erwartungen des Auftraggebers gerecht zu werden. Andererseits aber auch, um die Projektrisiken besser einschätzen zu können. Und drittens, um die künftigen Aufwände beurteilen zu können. Oder wie es so schön heißt: »Quality is king.«

In der Praxis werden Sie die Termine, den Umfang und die Qualität häufig gemeinsam kontrollieren, während die Kosten meist separat überwacht werden.

Als Nächstes klären wir die Frage, wie häufig kontrolliert werden sollte. Wir müssen dabei verschiedene Aspekte unterscheiden.

Qualität, Umfang und Termine prüfen Sie am besten nach jedem Vorgang. Wenn Sie die Vorgänge richtig geplant haben, können Sie diese bereits 1:1 als zeitlichen Fahrplan für das Controlling hernehmen. Zur Erinnerung:

▶ Der Vorgang muss groß genug sein, dass bereits etwas Sichtbares und Erlebbares entstanden ist. Ein Modul einer Anwendung wäre so etwas, das Erstellen des Pflichtenheftes wäre vermutlich zu grob, der Test einer Funktion wiederum zu klein.

▶ Umfangreiche Vorgänge sollten Sie aufbrechen, aber nicht willkürlich, sondern nach obiger Regel.

▶ Mehrere kleine Vorgänge können Sie zusammenfassen oder – wenn Sie auf den Vorteil der Differenzierung im Plan nicht verzichten wollen – einen Meilenstein einziehen.

Bei den Kosten ist der Zeitplan ein anderer:

▸ Die Kosten prüfen Sie am besten monatlich. Bei besonders vielen oder besonders wenigen Ausgaben können Sie diese Frist natürlich verkürzen oder verlängern.

▸ Bei größeren Zahlungen, zum Beispiel wenn Sie Unternehmen extern beauftragen, die eine Teilrechnung stellen, kann eine Prüfung auch im Monat notwendig sein; vor allem dann, wenn der Rechnungsbetrag höher ist als geplant oder die Kosten als Ganzes nicht geplant wurden.

7.2.4 Terminkontrolle

Die Kontrolle der Termine ist besonders wichtig, nicht nur, weil der Fertigstellungstermin davon abhängt, sondern auch, weil

▸ Abhängigkeiten zwischen Projekten und Vorgängen bestehen, die eine Verspätung anderer Projekte nach sich ziehen können,

▸ Ressourcen vielleicht später nicht mehr oder zumindest nicht mehr in ausreichendem Umfang zur Verfügung stehen,

▸ es Schnittstellen zu Dienstleistern und anderen Abteilungen gibt, die sich auf die Einhaltung wichtiger Meilensteine verlassen,

▸ Termine mit dem Auftraggeber und anderen Projektbeteiligten davon abhängen, zum Beispiel Präsentationen auf Messen.

Das Tückische an nicht eingehaltenen Terminen ist immer der Dreiklang zwischen Terminen, Umfang und Qualität.

Wirklich fertig?

Meine Mitarbeiter schmunzeln gelegentlich über meine Angewohnheit, den Begriff »fertig« zu hinterfragen. Für Entwickler ist etwas fertig, wenn etwas programmiert ist. Für den Tester, wenn eine Funktion den Test bestanden hat. Ein Produktmanager empfindet etwas als fertig, wenn er etwas erhält, was er ausliefern kann. Und für den Kunden? Wenn er eine Funktion installiert hat und für gut befindet, dann erst ist etwas für ihn fertig.

> Ich habe also gute Gründe, auf die Aussage »Wir sind damit fertig« mit der Frage zu antworten: »Fertig, was bedeutet das für Sie?«. Fertig in meinem Sinne, als Projektmanager, bedeutet: Der Plantermin wurde eingehalten, und Umfang und Qualität stimmen. Alles andere ist eben nur halb fertig.

Der richtige Zeitpunkt für eine erste Kontrolle ist immer der Zeitpunkt, an dem bereits ein Arbeitsergebnis sichtbar und bewertbar ist, aber dennoch genügend Zeit bleibt, um Einfluss zu nehmen. Das ist leichter gesagt als getan, und daher halte ich es selbst in der Praxis folgendermaßen:

- ▶ Bevor ein Vorgang beginnt, kläre ich ab, ob dieser auch wirklich beginnen kann. Ein verspäteter Beginn ist ein veritabler Garant für ein verspätetes Ende.

- ▶ Bei weniger kritischen Vorgängen, vor allem dann, wenn noch ausreichend Puffer vorhanden sind, bitte ich die Teammitglieder nach rund der Hälfte der vergangenen Zeit um ihre Einschätzung und schaue einige Zeit vor dem geplanten Abschluss persönlich vorbei.

- ▶ Bei wichtigeren Vorgängen, oder wenn Vorgänge auf dem kritischen Pfad liegen, bin ich neugieriger. Ich lasse mir dann Zwischenergebnisse zeigen und begebe mich mit dem Projektteam in Reviews, in denen wir über Lösungswege, Umfang und Qualität sprechen – und außerdem eine Prognose für den weiteren Verlauf abgeben.

- ▶ Ich dokumentiere die Ergebnisse, damit ich beim nächsten Treffen *IST* (der tatsächlich erzielte Fortschritt), *PLAN* (der Fortschritt laut Projektplan) und *SOLL* (der beim letzten Mal prognostizierte Fortschritt) vergleichen kann.

In der Praxis relevant sind zudem Verlaufsberichte und Zeitaufschreibungen, wenngleich ich diese Verfahren in der IT für nicht ausreichend halte. Es führt hier kein Weg daran vorbei, dass Sie sich selbst knietief in einen Vorgang stürzen, um die Selbsteinschätzung Ihrer Teammitglieder selbst wiederum einschätzen zu können.

Ein etwas anderer Ansatz ist die *Leistungswertanalyse* (Earned Value Analysis, EAV). Bei ihr geht es um die Messung des möglichst realen Projektfortschritts, der hier als *Leistungswert* (Earned Value) bezeichnet wird.

Dieser kann beispielsweise monetär ermittelt werden und beantwortet damit die Frage:»Welchen Wert hat die bisher geleistete Arbeit?«

Für die Leistungswertanalyse ist ein *Basisplan* notwendig. Ein Basisplan ist, grob gesagt, der Vergleichsplan, gegen den Sie den Projektfortschritt prüfen. Zu Beginn entspricht dieser Basisplan dem ersten Projektplan. Alle Vorgänge sind erfasst, Meilensteine wurden gesetzt, Abhängigkeiten definiert, Ressourcen zugeordnet und Aufwände geschätzt. Nun beginnt die Wirklichkeit; die Vorgänge sind mal früher fertig als geplant, die meisten aber tendenziell eher später. Wenn Sie nun eine Software zur Projektplanung einsetzen, zum Beispiel Microsoft Project, dann können Sie Abweichungen zum Basisplan in Berichten textuell und grafisch anzeigen. Diesen Zusammenhang zeigt Ihnen Abbildung 7.3 (verspätete Vorgänge werden hier schraffiert dargestellt).

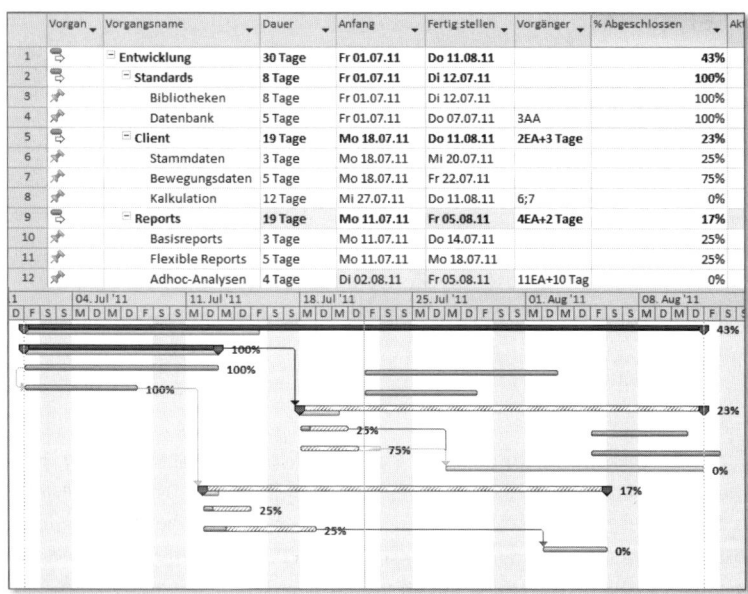

Abbildung 7.3 Abweichungen gegenüber dem Basisplan

Die Auswertung erhalten Sie gratis, wenn Sie regelmäßig die aktuellen Fortschritte in MS Project festhalten.

Bevor wir auf mögliche Terminprobleme näher eingehen, ist es an der Zeit, Sie an den Unterschied zwischen *Aufwand* und *Dauer* zu erinnern:

▶ *Aufwand* bezeichnet die Arbeitsleistung, die aufgewendet werden muss, damit ein Vorgang abgeschlossen werden kann.

▶ *Dauer* ist die Zeitdauer, die zwischen Anfang und Ende eines Vorgangs verstreicht.

Und hier liegt der Hase im Pfeffer: Die meisten Projektpläne sind auf die Dauer ausgelegt, auch dann, wenn Sie MS Project die Umrechnungen zwischen Dauer und Aufwand überlassen sollten, denn Anfang und Ende werden immer als Termine dargestellt. Die meisten Teammitglieder meinen hingegen den Aufwand: »Also, um die drei Berichte zu prüfen, benötige ich etwa sechs Stunden Zeit.« Daraus können dann schnell mal drei Wochen und sechs Stunden (Dauer) werden, wenn der Mitarbeiter zwischenzeitlich drei Wochen in Urlaub geht.

Wenn Sie also das nächste Mal vor Ort sind und diesen Satz hören, dann sollten Sie Folgendes erfragen:

▶ Wann kann der Mitarbeiter mit dem Vorgang beginnen (oder ihn fortführen) und mit welchem zeitlichen Anteil?

▶ Wie schätzt er das Risiko ein? Ist die Schätzung »sicher«, ein »Schuss ins Blaue«, »Zweckoptimismus« oder eher eine Gefälligkeit Ihnen gegenüber?

▶ Gibt es Urlaube und andere Abwesenheitszeiten zu berücksichtigen?

Sie haben also nun die Fortschritte der gerade laufenden Vorgänge geprüft, nachgehakt, ob künftige Vorgänge rechtzeitig beginnen können, und eine Einschätzung der Qualität und des »echten« Fortschritts erlangt, also das Gesehene mit dem Verlangten verglichen. Danach haben Sie Ihren gesunden Menschenverstand befragt und kommen zu einer Gesamtwürdigung Ihres Projekts. Nehmen wir einmal an, es gäbe Vorgänge, die Ihnen Sorgen bereiten. So viel ist klar: Ignorieren oder im Alkohol ertränken können Sie die Abweichungen nicht (jedenfalls nicht auf Dauer), und sie werden auch noch da sein, wenn Sie aus Ihrem Urlaub zurückkehren. Damit ist es leider wie mit Zahnschmerzen: Sie werden schlimmer mit der Zeit, wenn Sie nichts dagegen unternehmen. Besser, Sie halten sich an das in Abbildung 7.4 dargestellte Flussdiagramm.

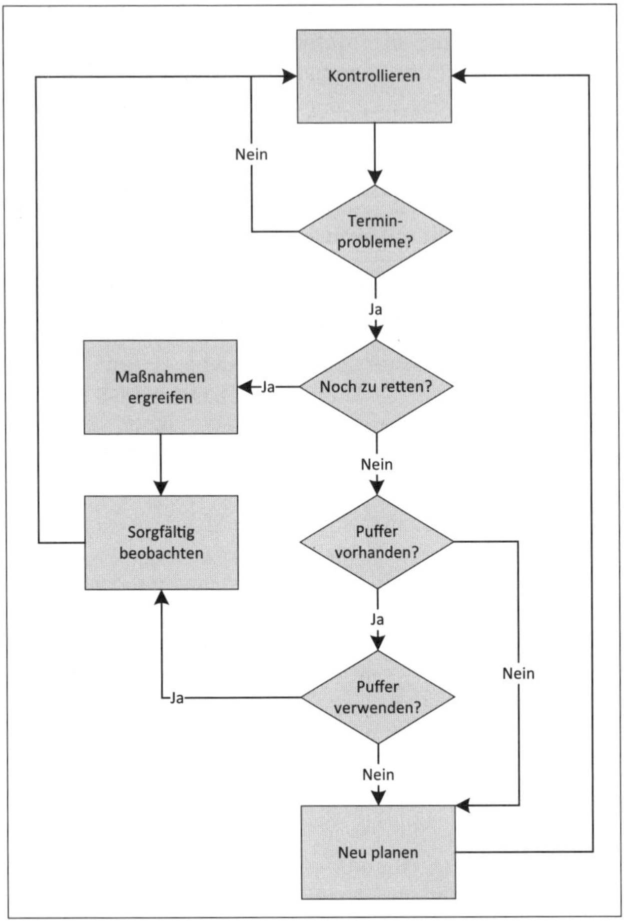

Abbildung 7.4 Vorgehen bei Terminverschiebungen

Die erste und wichtigste Frage lautet: Ist der Termin noch zu retten? Das kann durch mehr Ressourcen erfolgen (zwei Tester statt nur einer testen die Software parallel). Oder der Leistungsumfang lässt sich reduzieren. Manchmal hilft es auch schon, wenn sich die Teammitglieder über den Zeitverzug bewusst werden. In jedem Fall sollten Sie diesen Vorgang bis zum Abschluss einer besonders sorgfältigen Kontrolle unterziehen.

Der Termin ist nicht mehr zu retten? Schade, aber auch kein Beinbruch, wenn noch Puffer vorhanden sind. Auch hier hilft Software, denn die Tools können verbleibende Puffer automatisch berechnen und ausweisen. Dennoch bleibt der Vorgang auch hier im Verzug und muss genauer beobachtet werden.

Wenn kein Puffer vorhanden ist oder wenn Sie die Puffer jetzt noch nicht verwenden möchten, kommen Sie um eine Änderung des Projektplans nicht herum. Die folgenden Dinge sollten Sie dabei beachten:

▶ Der veränderte Plan muss kommuniziert werden – mindestens gegenüber dem Auftraggeber und allen Teammitgliedern, die von den Änderungen betroffen sind.

▶ Planänderungen sollten auf ihre Auswirkungen hin untersucht werden. Vielleicht stehen Mitarbeiter daraufhin nicht mehr zur Verfügung, oder es werden wichtige Meilensteine überschritten?

▶ Es gibt keinen besseren Zeitpunkt als den jetzigen. Je früher Sie neu planen, desto eher können Sie die Dinge wieder richtig in Gang setzen – zögern Sie also nicht.

Hinweis

Den Projektplan zu verändern ist kein Zeichen von Schwäche, sondern von Klugheit und Umsicht! Ich weiß natürlich, dass dies in der Praxis nicht immer so gesehen wird. Aber bitte bedenken Sie: Alle Projektmanagementmethoden dieser Welt können nicht Ihren (subjektiven) Gesamteindruck ersetzen. Was nicht geht, geht nicht. Handeln Sie, solange Sie noch Wahlmöglichkeiten haben.

7.2.5 Kostenkontrolle

Die Kosten zu kontrollieren ist meist einfacher und weniger aufwendig, als die Termine zu kontrollieren. Ich setze hier voraus, dass in Ihrem Projekt lediglich externe Kosten anfallen. Wenn in Ihrem Unternehmen innerbetriebliche Kosten verrechnet werden, nehme ich die Aussage zurück und behaupte das Gegenteil.

Grundlage für die Kontrolle der Kosten ist das *Budget*. Ein Budget kann in Summe vereinbart werden (»Müller, hier haben Sie 50.000 Euro, führen

Sie das Projekt zum Erfolg«), oder es es gibt einzelne Budgetpositionen (»Für die externe Entwicklung stehen 20.000 Euro zur Verfügung«). Und natürlich kann ein Budget auch beide Positionen beinhalten, also zweckgebundene und freie. Auf der Bonus-Seite finden Sie ein Dokument zur Kostenkontrolle.

Manchmal beinhalten Budgets auch eine zeitliche Dimension (zum Beispiel ein Budget pro Quartal), und es kommt auch häufig vor, dass das Gesamtbudget noch gar nicht feststeht. Darauf kann ich im Detail hier leider nicht eingehen, aber die folgenden Empfehlungen sollten Sie beherzigen:

▶ Die Kontrolle erfolgt immer so, wie das Budget geplant wurde. Wurde ein Quartalsbudget freigegeben, dann wird der Ist-Wert des aktuellen Quartals mit dem Planwert für dieses Quartal verglichen. Wurde ein zweckgebundenes Budget vereinbart, werden alle aufgelaufenen Kosten einer Sache mit diesem einen Budgetwert verglichen.

▶ Wenn Sie über ein freies Budget verfügen, sollten Sie dieses ebenfalls überwachen. Pflegen Sie eine Liste, in der alle Ausgaben aufgelistet sind, die Sie mit diesem Budget bereits bestritten haben. Bilden Sie daraus den Saldo.

▶ Vergessen Sie nicht, den »Budgetspender« zu informieren, also in der Regel den Auftraggeber. Tun Sie dies regelmäßig, in aller Regel monatsweise.

▶ Eine Rechnung ist höher als erwartet, und Sie akzeptieren das? Dokumentieren Sie solche Abweichungen, und geben Sie an, wie die höheren Kosten kompensiert werden sollen.

▶ Nutzen Sie die Möglichkeiten Ihres Rechnungswesens. Viele Buchhaltungssysteme bieten es an, eigene Budgets einzurichten, zu bebuchen und auszuwerten.

▶ Behalten Sie die Kosten im Blick, die portionsweise anfallen, zum Beispiel wenn Abschlagszahlungen vereinbart wurden.

▶ Gehen Sie mit dem Budget so um, als wäre es Ihr eigenes Geld (aber nein doch, Sie sollen damit keinen Sportwagen kaufen!).

Wenn eine Kostenüberschreitung nicht vermeidbar ist, sollten Sie so früh wie möglich beim Kostenentscheider vorstellig werden. Bitte beachten Sie, dass die Entscheidungswege in Kostenfragen oft besonders kompliziert sind. Es kann also nicht schaden, wenn Sie den Verfügungsrahmen

Ihres Auftraggebers kennen. Während über eine Erhöhung des Budgets diskutiert wird, sollten Sie aber unter allen Umständen klären, wie mit den laufenden Kosten bis dahin umgegangen werden soll. In Kostenfragen ist Transparenz das oberste Gebot.

Aus der Praxis

In meinem Unternehmen bilde ich eigene Budgetpositionen, die ich mit Nummern versehe (Budgetpositions-Nr., BPN). Jede dieser Positionen hat einen Planwert, der zuvor vereinbart wurde.

Bei der Kontierung jeder Rechnung wird diese Nummer erfasst. Es gilt der Grundsatz: keine Buchung ohne BPN! Lässt sich eine Rechnung nicht zuordnen, gibt es dafür eine freie BPN, und zwar für ungeplante Ausgaben.

Bei der Verbuchung werden diese Nummern mit erfasst und sind so auswertbar. Dennoch erstelle ich auch eigene Auswertungen, um zu jeder Zeit auskunftsfähig zu sein.

7.2.6 Projektmanagementsoftware

Kleine bis mittelgroße Projekte lassen sich mit Excel steuern. Daran be steht kein Zweifel, unzählige Projektmanager rund um den Erdball beweisen das tagtäglich. Aber warum sollten Sie das tun? Software für das Projektmanagement bietet Ihnen (unter anderem) diese unschlagbaren Vorteile:

▸ Die Software berechnet Termine automatisch und berücksichtigt dabei sowohl Abwesenheitszeiten als auch Terminverschiebungen, Puffer und Arbeitszeiten – wenn Sie diese Daten vorher dementsprechend pflegen.

▸ Sie können Stände miteinander vergleichen (Basispläne) und so Abweichungen erkennen, dokumentieren und über die Zeit hinweg beobachten.

▸ Ressourcen lassen sich viel leichter planen. Für jede Ressource kann ein eigener Kalender eingerichtet werden, zum Beispiel wenn Sie ein Labor benötigen, das von mehreren Projekten gemeinsam genutzt wird.

▶ Es gibt ein (mehr oder weniger) umfangreiches Berichtswesen.

▶ Vorgänge können miteinander verknüpft werden, womit der Projektplan den fachlichen Gegebenheiten folgt (Beispiel: Die Entwicklung der Berichte kann erst beginnen, wenn die Datenbank modelliert wurde.).

▶ Mehrere Anwender können mit derselben Datei arbeiten, wobei die Zugriffsrechte gewahrt bleiben.

Neben den klassischen Desktop-Produkten gibt es auch immer mehr weborientierte Ansätze, die besonders dann interessant sind, wenn verteilte Teams an einem Projekt arbeiten.

Wenn Sie die Kosten oder den Einarbeitungsaufwand für eine ausgewachsene Lösung scheuen, dann schauen Sie sich mal die kostenfreie Lösung *OpenProj* an (*http://openproj.org*). Es handelt sich hier um eine durchaus leistungsfähige Anwendung, die ihren Kinderschuhen schon längst entwachsen ist.

7.3   Der Wind macht die Welle – wie man Probleme rechtzeitig erkennt und löst

Im letzten Abschnitt ging es um Projektcontrolling, genauer um deren Durchführung. Vielleicht haben Sie einige Ausführungen zu möglichen Problemen in Projekten vermisst – und wie man ihnen begegnen kann. Das möchte ich jetzt nachholen. Es sind dies ganz praktische Dinge, die sich in der Regel vorher ankündigen. Wenn Sie Ihre Sinne schärfen, werden Sie diese Probleme schnell zuverlässig erkennen und ihnen im Rahmen Ihres Projektcontrollings begegnen.

Gleich vorweg aber eine wichtige Erkenntnis: Viele Stolpersteine in Projekten sind unvermeidbar, weil Sie nicht immer und überall gleichzeitig sein können. Projekte und Projektteams sind soziale Systeme, das zeichnet sie aus, das macht sie aber auch anfällig für soziale Probleme. Daneben gibt es noch viele weitere Ebenen – von der politischen Dimension über auftretende Ziel- und Interessenkonflikte bis hin zu den immer und überall auftretenden Ressourcenknappheiten.

Gute Projektleiter haben eine Antenne für heraufziehende Probleme, sozusagen einen sechsten Projektsinn. Wie sie das machen? Sie haben ein offenes Ohr, halten ständig Kontakt mit ihrem Team und genießen ein so großes Vertrauen, dass sich die Projektmitglieder in Problemfällen auch ohne Scheu an sie wenden. Etwas praktischer formuliert liest sich dies im folgenden Abschnitt.

7.3.1 Probleme im Team erkennen

Als Projektleiter sind Sie gleichzeitig auch Führungskraft, Sie führen Ihr Projektteam nämlich fachlich. Für mich bedeutet Führung, dass man die Leistung seiner Mitarbeiter so kanalisiert, dass alle gemeinsam, mit hoher Effizienz, das Projektziel verfolgen – und dabei Freude haben.

Dazu gehört auch, dass Störungen rechtzeitig erkannt und Konflikte gelöst werden. Dazu müssen diese aber erst einmal erkannt werden.

Konflikte und andere Störungen erkennen

▶ Nehmen Sie den Punkt »Probleme und Verbesserungen« als festen Punkt in Ihre Jour-fixe-Agenda auf. Sprechen Sie das Thema aktiv an, und geben Sie sich mit Schweigen nicht gleich zufrieden. Haken Sie nach.

▶ Gehen Sie vertrauensvoll mit Wortmeldungen um, zunächst ohne zu werten, und erst recht, ohne jemanden anzugreifen. Ergreifen Sie niemals Partei!

▶ Manche Probleme möchte man nicht vor dem ganzen Team ansprechen. Machen Sie jedem klar, dass man Sie auch unter vier Augen sprechen kann, ganz persönlich. Versichern Sie, dass sie mit den Informationen vertrauensvoll umgehen und nichts unternehmen, ohne dies mit den Betroffenen abzusprechen.

▶ Manchmal geht es hoch her in Besprechungen. Das kann in vielen Fällen absolut notwendig und damit in Ordnung sein. Problematisch wird es, wenn Sie erkennen, dass sich einzelne Teammitglieder immer häufiger der Diskussion entziehen oder die Diskussion ganz allgemein zu sehr in die Beziehungsebene abdriftet.

▶ Wenn Sie selbst solche Probleme wahrnehmen, müssen Sie das zum Thema machen. In besonders kritischen Fällen kann diesem Thema eine eigene Besprechung gewidmet werden, idealerweise an einem neutralen Ort.

Das Gesagte betrifft vor allem die menschliche Seite, beschränkt sich aber nicht nur darauf. In jedem Fall ist es wichtig, dass Sie zwischen unkritischen Problemen und kritischen Problemen unterscheiden. Bewerten Sie auch immer den Einfluss des Problems auf den weiteren Projektverlauf. Nehmen wir einmal an, zwei Mitarbeiter können nicht miteinander arbeiten. Wenn diese in der Zukunft aber häufig gemeinsam an Vorgängen arbeiten, dann haben Sie ein Problem; wenn sie nur am aktuellen Vorgang arbeiten, vielleicht nicht. Es hängt immer vom Kontext ab.

7.3.2 Typische Problemindikatoren

Die Aussagen Ihrer Mitarbeiter sind die beste Möglichkeit, Probleme zu erkennen, aber nicht die einzige. Es gibt auch noch andere Indikatoren, die ich Ihnen hier nennen möchte – ohne Anspruch auf Vollständigkeit:

Die Rahmenbedingungen in Ihrem Unternehmen ändern sich.

▶ Müssen Kosten eingespart werden? Ist Ihr Projekt davon betroffen?

▶ Haben sich die Prioritäten verändert? Wird Ihr Projekt noch ausreichend unterstützt?

Sie erhalten keine befriedigenden Antworten mehr auf Ihre Nachfragen zum aktuellen Status. Scheinbar kann Ihnen niemand mehr den wirklichen Fortschritt erklären.

▶ Ist die Komplexität zu hoch?

▶ Sind Ihre Mitarbeiter ausreichend gut in das Thema eingearbeitet?

▶ Gab es in jüngster Zeit personelle Wechsel?

▶ Haben Sie die Arbeitsaufträge gut genug erklärt?

▶ Sind die Anforderungen vielleicht zu vage?

Die Vorgänge dauern immer länger, obwohl das Team doch früher termintreu war.

▶ Gibt es neue, parallel laufende Projekte?

▶ Gibt es im Team andere Probleme, die deren Aufmerksamkeit und Ressourcen binden?

▶ Stehen einzelne Leistungsträger nicht mehr zur Verfügung?

▶ Ist Ihr Team demotiviert?

▶ Sieht das Team noch das Ganze und den Sinn dahinter?

Es wird immer häufiger etwas vergessen, zum Beispiel in der Umsetzung. Die Qualität ist unzureichend.

▶ Ist das Team bzw. sind einzelne Mitglieder überfordert?

▶ Besteht eine Gleichgültigkeit gegenüber Ihrem Projekt?

▶ Ist das Projekt noch übersichtlich genug, um von Ihrem Team in seiner Gänze erfasst zu werden?

Einzelne Teammitglieder beginnen nicht rechtzeitig mit ihren Aufgaben.

▶ Auch hier kann Überforderung die Ursache dafür sein.

▶ Ändert sich das Projekt zu schnell, werden immer neue Anforderungen gestellt?

▶ Kennt Ihr Team den Projektplan gut genug?

▶ Haben Sie das in der Vergangenheit immer wieder akzeptiert?

Die Stimmung hat sich merklich verschlechtert.

▶ Gibt es Spannungen im Team?

▶ Sind in letzter Zeit Entscheidungen getroffen worden, die vom Team nicht mitgetragen werden?

▶ Hat das Team das Gefühl, die Anforderungen wären so hoch, dass es dies als unfair ansieht?

▶ Fehlt Ihrem Team die Anerkennung für bereits geleistete Arbeit, sowohl in Ihrem Projekt als auch in dessen regulärem Tagesgeschäft?

▶ Wird das Team für Misserfolge verantwortlich gemacht?

Das Team spricht nicht mehr ausreichend miteinander, stimmt sich nicht mehr ab.

▶ Bestehen Ängste im Team, zum Beispiel vor Unternehmensentscheidungen oder bevorstehenden Entscheidungen von Ihnen?

▶ Sind einzelne Leitfiguren im Team untereinander zerstritten?

▶ Gibt es eine (ungesunde) Konkurrenzsituation im Team?

▶ Verfolgen einzelne Teammitglieder überwiegend Eigeninteressen?

Das Team ist unselbstständig, arbeitet nicht mehr selbst an Lösungen für auftretende Probleme, sondern kontaktiert Sie stattdessen?

▶ Besteht eine undefinierbare Angst, Neues auszuprobieren?

▶ Wurden Mitarbeiter in der Vergangenheit öfter benachteiligt, wenn sie eigene Wege gingen?

▶ Besteht eine gewisse Scheu, Risiken einzugehen, zum Beispiel weil die Mitarbeiter für Fehler persönlich zur Verantwortung gezogen werden?

7.3.3 Probleme rechtzeitig lösen

Die Devise ist klar: Probleme gilt es zu lösen, bevor sie sich zu echten Projektbremsern auswachsen. Und wie immer gilt: Je früher, desto besser und meist auch desto leichter. Wenn ein Problem erst einmal eine Historie hat, dann ist die Lösung meist ungleich schwieriger und langwieriger.

Aus der Praxis

Ich hatte einmal ein Projektteam, das sich der gemeinsamen Sache zwar verschrieben hatte, aber diese dennoch plötzlich immer häufiger sabotierte. Da wurden auf einmal leicht zu lösende Probleme nicht mehr aus der Welt geschafft, und es wurde zu viel Wert auf Formalismus gelegt.

Es stellte sich heraus, dass das Team in der Vergangenheit öfter für Probleme zur Rechenschaft gezogen wurde, die es gar nicht verursacht hatte. Das Team empfand ein tief greifendes Gefühl von Ungerechtigkeit und wollte nun auch andere Mitarbeiter im Haus »leiden sehen«, indem es sich auf formale Positionen zurückzog und darauf wartete, dass die Situation eskalierte. Das war natürlich wenig kollegial, aber andererseits auch verständlich. Für das Projekt aber war es Gift.

Der Schlüssel zur Lösung dieses Problems liegt, genau wie bei allen ähnlich gelagerten Situationen, darin, diese zum Thema zu machen, also offen anzusprechen. Etwas detaillierter habe ich das bereits in Kapitel 5, »Ein ungleicher Haufen – das Projektteam«, besprochen.

Für alle Probleme, die nicht in der Beziehungs-, sondern in der Sachebene zu suchen sind, erhalten Sie in den jeweiligen Kapiteln, so auch in diesem, weitere Informationen.

7.4   Der Projekt-Reset

Dieses Buch ist eigentlich dafür da, dass Sie Projekte erfolgreich managen. Dennoch gibt es immer wieder Situationen, in denen ein Neuaufsetzen eines Projekts angezeigt ist, Sie also besser eine Art »Projekt-Reset« vornehmen sollten. Mögliche Gründe dafür sind:

▶ Sie übernehmen ein Projekt von einem Vorgänger, haben aber Zweifel an den bisherigen Arbeitsergebnissen oder finden gar eine Informationswüste vor.

▶ Ein Projekt ist hoffnungslos aus den Fugen geraten.

▶ Das Projekt erhält den Spitznamen »Bounty«, weil die Teammitglieder dagegen rebellieren.

Ein solcher Reset ermöglicht es Ihnen, wieder »von vorn« zu beginnen. Das ist allemal besser, als erfolglos zu versuchen, ein Projekt im laufenden Betrieb wieder auf Kurs zu bringen, nur um dann festzustellen, dass weiterhin während der gesamten Projektrestlaufzeit Not herrschen wird.

Ich brauche Ihnen nicht zu erzählen, dass ein Projekt-Reset immer die letzte Möglichkeit darstellt. Wenn Sie sich aber dafür entscheiden, dann richtig. Dafür ist dieser Abschnitt da. Er beschreibt, wie ein solcher Reset ablaufen kann und sollte.

Nicht alle Schritte sind für jedes Projekt notwendig. Ich gehe hier vom Schlimmsten aus. Trifft das für Ihr Projekt nicht zu, überspringen Sie einfach die entsprechenden Abschnitte. Beginnen wir nun im Folgenden mit der ersten Phase.

7.4.1   Phase 1: Entscheidung und Vorbereitung

Am Anfang steht die Entscheidung für einen Reset, die der Projektleiter gemeinsam mit dem Auftraggeber trifft. Die meisten Auftraggeber sind (letztendlich) froh darüber, weil ihre eigenen Kontrollpflichten wesentlich einfacher werden, wenn das Projekt wieder auf verlässlichen Pfeilern ruht.

Vorgehensweise

▶ Treffen Sie eine bewusste Entscheidung für einen Projekt-Reset.

▶ Kommunizieren Sie dies innerhalb Ihres Projektteams und an die verantwortlichen Stellen wie Auftraggeber oder etwaige Lenkungsausschüsse. Nennen Sie die Gründe, und werben Sie auch dafür. Stellen Sie die Vorteile heraus, die ein Reset mit sich bringt.

▶ Stellen Sie fest, welche Vorgänge aktuell ausgeführt werden und welche Ergebnisse dort bereits vorliegen.

▶ Überlegen Sie nun, welche Vorgänge auch während des Resets weiterlaufen sollten. Stoppen Sie die übrigen Vorgänge, um unnötige oder doppelte Arbeit zu vermeiden.

▶ Bitten Sie alle Beteiligten, mit denen Sie sich nicht unmittelbar treffen können, um eine Einschätzung des Projekts aus deren Sicht. »Was läuft nicht optimal?«, »Was würden Sie anders machen?« oder »In welchen Vorgängen stecken größere Risiken?« sind gute Fragen dafür.

Es ist wichtig, dass Sie von Anfang an mit offenen Karten spielen und keinen Zweifel daran lassen, dass Sie das Projekt nun richtig anpacken. Nicht jeder wird sich davon gleich überzeugen lassen, besonders, wenn das Projekt schon eine wechselvolle Vergangenheit hat; lassen Sie sich davon nicht beirren – am Ende zählt das Ergebnis.

7.4.2   Phase 2: Überblick gewinnen

Nun ist auch dem Letzten klar geworden, was Sie vorhaben und wie Sie dabei vorgehen werden. Jetzt ist es an der Zeit, einen Überblick zu gewinnen. Worüber? Wie immer, über Termine, Qualität, Leistungsumfang und Kosten. Sie gehen dabei am besten wie im Folgenden beschrieben vor.

Vorgehensweise

▶ Studieren Sie eingehend den Projektplan, wenn Sie ihn noch nicht kennen. Wenn möglich, fragen Sie denjenigen, der ihn erstellt hat, nach dessen Entstehungsgeschichte und der Bedeutung der einzelnen Vorgänge.

▶ Für jeden Vorgang sollten Sie nun herausfinden, wie weit der Fortschritt tatsächlich ist (siehe auch Abschnitt 7.2.4). Bei umfangreichen Plänen kann es erforderlich sein, sich für die kleineren Vorgänge auf die Aussagen der Projektmitglieder zu verlassen; wichtige und/oder kritische Vorgänge sollten Sie aber immer persönlich beurteilen. Seien Sie bitte unvoreingenommen; Optimismus ist hier ebenso fehl am Platz wie düstere Weltuntergangsstimmung.

▶ In jedem Not leidenden Projekt gibt es auch Not leidende Vorgänge – meist mehr davon, als einem lieb ist. Finden Sie unbedingt heraus, warum diese Vorgänge nicht so ablaufen wie geplant.

▶ Machen Sie Kassensturz, sprich, gewinnen Sie einen Überblick über die Kosten. Dazu gehören: die bereits entstandenen Kosten, Kosten, die aus bereits beauftragten Leistungen demnächst anfallen werden, Kosten für laufende Verträge (zum Beispiel Wartungskosten), Kosten, die voraussichtlich später anfallen werden, sowie das zur Verfügung stehende Budget – und was davon noch übrig ist. Ist das nicht Ihr Ding, dann bitten Sie doch die Buchhaltung in Ihrem Unternehmen um Unterstützung.

7.4.3 Phase 3: Diskussion mit dem Auftraggeber und persönliche Entscheidung

Wenn Sie hier angekommen sind, dann wissen Sie schon eine Menge. Grob gesagt kennen Sie nun den genauen aktuellen Stand des Projekts und wissen, wo dessen Probleme liegen.

Jetzt gilt es, ehrlich zu sein – vor allem ehrlich zu sich selbst. Natürlich ist schlechtes Projektmanagement häufig verantwortlich für Not leidende Projekte. Aber vielleicht gibt es gute Gründe außerhalb des Entscheidungsbereichs des Projektleiters? Ein zu geringes Budget zum Beispiel, unrealistisch hohe Erwartungen des Auftraggebers oder dauerhafte Überlastung der Projektmitglieder?

Dann ist es jetzt an der Zeit, diese Dinge mit dem Auftraggeber zu besprechen. Gerüstet sind Sie jetzt auf alle Fälle, denn Sie haben Fakten anzubieten. Verhandeln Sie! Wenn solche Gespräche in der Praxis immer wieder fehlschlagen, liegt dies in der Regel an einer unzureichenden Vorbereitung auf das Gespräch. Daher folgen hier einige Empfehlungen zur optimalen Gesprächsvorbereitung.

Vorgehensweise

▶ Vereinbaren Sie einen Termin, schneien Sie nicht einfach unvermittelt herein. Bitten Sie um einen ausreichend langen Termin. Die Sache ist schließlich wichtig.

▶ Stellen Sie kurz die aktuelle Sachlage dar, zunächst noch ohne auf die Probleme einzugehen. Wo stehen Sie aktuell? Händigen Sie die Übersicht auf Papier aus, das erhöht die Glaubwürdigkeit und gibt dem Auftraggeber die Gelegenheit, sich jetzt oder später in Ihre Ausführungen zu vertiefen.

▶ Nennen Sie nun die Gründe für die Probleme. Seien Sie auch ruhig ein wenig selbstkritisch, wenn dies angezeigt ist.

▶ Objektivieren Sie Ihre Aussagen, zum Beispiel indem Sie andere für sich sprechen lassen. Dazu können Sie diese um Zitate bitten, die Sie verwenden dürfen. Nutzen Sie Ihre Quellen, aber bleiben Sie immer auf der Seite des objektiv Darstellbaren.

▶ Bleiben Sie ruhig und sachlich, regen Sie sich nicht auf.

▶ Jetzt kommt der wichtigste Teil: Präsentieren Sie Ihre Lösung, und erläutern Sie, warum Sie glauben, dass diese zum Erfolg führt. Erklären Sie alles ausführlich. Sagen Sie nicht einfach: »Mit mehr Budget kann ich das Projekt zum Erfolg führen«, sondern legen Sie dar, wie Sie zu dieser Einschätzung gelangt sind.

▶ Geben Sie dem Auftraggeber die Gelegenheit, in Ruhe darüber nachzudenken. Vereinbaren Sie einen Folgetermin oder einen Termin für die Entscheidung. Stellen Sie klar, dass Sie eine Entscheidung benötigen und daher auch erwarten.

▶ Halten Sie die Entscheidung schriftlich fest, und zwar möglichst präzise.

▶ Vergessen Sie nicht, sich beim Auftraggeber für das damit neu ausgesprochene Vertrauen zu bedanken.

Das ist natürlich eine idealisierte Vorgehensweise. Möglicherweise benötigen Sie mehrere Anläufe oder müssen nicht nur eine Person überzeugen, sondern ein ganzes Gremium. Im Kern geht es dabei immer um diese beiden Fragen, die Sie zum Schluss für sich beantworten müssen:

▶ Steht der Auftraggeber hinter mir, also: Vertraut er auf meine Fähigkeiten, glaubt er, dass ich das Projekt erfolgreich abschließen kann?

▶ Sind die Rahmenbedingungen jetzt so, dass ich das Projekt auch wirklich erfolgreich abschließen kann?

Beide Fragen müssen Sie mit einem *Ja* beantworten können. Ist das nicht der Fall, sind Sie noch nicht am Ende der Diskussion angelangt.

7.4.4 Phase 4: das Projekt neu planen

Der Auftraggeber steht also hinter Ihnen und trägt Ihre Lösung mit – wenn vielleicht auch noch eine Portion Skepsis mitschwingt. Das ist in Ordnung. Jetzt können Sie in die Details gehen und den Projektplan den neuen Gegebenheiten anpassen. Dabei gehen Sie wie folgt vor.

Vorgehensweise

▶ Überlegen Sie zunächst, ob Sie den bestehenden Projektplan modifizieren können (und wollen) oder lieber ganz von vorn beginnen. Wenn Sie sich dafür entscheiden, neu zu beginnen, hilft Ihnen Kapitel 6, »Der Nebel lichtet sich – die Projektplanung«, weiter. Im Folgenden gehe ich davon aus, dass Sie den bestehenden Projektplan weiterverwenden möchten.

▶ Tragen Sie zuerst den tatsächlich festgestellten Fortschritt nach.

▶ Benennen Sie die Vorgänge so um, dass Sie damit etwas anfangen können.

▶ Fassen Sie solche Vorgänge zusammen, die zu detailliert sind – zum Beispiel dann, wenn Sie die Teilvorgänge nicht kontrollieren können.

▶ Splitten Sie zu große Vorgänge auf.

▶ Gehen Sie Ihre Liste der bestehenden Probleme durch, und versuchen Sie, diese durch Anpassung des Projektplans entsprechend zu berücksichtigen. Das Risiko in einzelnen Vorgängen ist zu groß? Bauen Sie Puffer ein. Einzelne Teammitglieder haben zu wenig Zeit? Sprechen Sie mit deren Vorgesetzten, oder passen Sie den Ressourcenkalender an.

- ▶ Überprüfen Sie, ob die Abhängigkeiten immer noch der Realität entsprechen, und passen Sie diese an.
- ▶ Berücksichtigen Sie die Kapazitäten der Teammitglieder, wenigstens für die unmittelbar anstehenden Vorgänge.
- ▶ Machen Sie den so gewonnenen neuen Projektplan zu Ihrem Basisplan.

In der Praxis liegen freilich nicht alle Probleme in der Projektplanung begründet, aber das sollte aus der Ist-Analyse und der somit gewonnenen Liste der Probleme inzwischen klar hervorgehen. Vielleicht sind die Pflichtenhefte nicht detailliert genug, oder ein Dienstleister arbeitet unzuverlässig. Dann gibt es dafür keinen besseren Zeitpunkt als den jetzigen, um diese Probleme anzugehen.

7.4.5 Phase 5: kommunizieren und loslegen

Rekapitulieren wir: Sie haben einen detaillierten Überblick, wissen, wo die Probleme liegen, sind diese im Projektplan und außerhalb angegangen und haben nun einen Masterplan, der zum Erfolg führen soll (und wird!). Die Leitungsebene steht hinter Ihnen, und Sie haben das Team schon insofern mit einbezogen, als Sie deren Input berücksichtigt haben.

Jetzt ist es an der Zeit, alte Zöpfe abzuschneiden und das Projekt neu zu starten. Dazu sprechen Sie mit Ihrem Team und stellen ihm Ihren neuen Projektplan im Detail vor. Der Rest ist Ihnen bekannt.

Wenn Sie so vorgehen, gerät die Zeit vor dem Reset schnell in Vergessenheit. Der Vorteil liegt ja gerade darin, dass Sie nicht mehr an alten Ergebnissen und Problemen gemessen werden, sondern befreit von Neuem agieren können.

»Hauptsache, beweglich«, sprach der Wurm und krümmte sich.

8 Immer schön beweglich bleiben – agile Methoden

Agil, ein schönes Wort, doch leider ist die Bedeutung genauso »agil« wie das, was es aussagen soll. Nämlich beweglich, flexibel, variabel, wendig oder auch elastisch. Damit ist das Wichtigste schon gesagt: Für unser Thema, Projektmanagement, müssen wir es erst mit Leben füllen, denn dass Projekte an sich schon eine höchst agile Sache sind, das ist inzwischen sicherlich klar geworden.

Agilität im Projektmanagement beinhaltet eigentlich zweierlei:

▶ Einige Grundeinstellungen, Maximen, die vor allem im *agilen Manifest* niedergeschrieben wurden (siehe Abschnitt 8.1).

▶ Konkrete Methoden und Empfehlungen, wie sie zum Beispiel mit *Scrum* umgesetzt werden können (siehe Abschnitt 8.2).

Bei aller Euphorie möchte ich das Thema gerne auf den Boden des Praktischen zurückholen, wo es meiner Meinung nach hingehört. Schauen wir uns daher zunächst einmal im nächsten Abschnitt an, worum es dabei eigentlich geht

8.1 Das agile Manifest, und worum es eigentlich geht

Treffen sich zwei Politiker. Sagt der eine: »Leider konnte ich Ihrer Rede nicht beiwohnen, was haben Sie eigentlich gesagt?«. »Nichts«, sagt darauf der andere wahrheitsgemäß. »Ja, ja, schon!«, erwidert der Erste, »aber wie haben Sie es formuliert?«

Ein Fünkchen Wahrheit, wie in diesem Witz, liegt auch im Projektmanagement. Die wichtigste Erkenntnis daraus lautet:

Agilität in Ihrem Projektmanagement ist das, was Sie daraus machen. Sie selbst müssen den Begriff aus der Wolke holen und auf die Erde bringen, sprich aus den agilen Prinzipien und Methoden handfeste Regeln und Verfahren für Ihr Projekt ableiten.

Das wird gleich klar, wenn wir uns das agile Manifest anschauen, das im Jahr 2001 von 17 klugen Menschen formuliert wurde. Es sind dies nur vier Grundgedanken, die dort formuliert sind und die wir im Folgenden näher betrachten werden.

8.1.1 Menschen und Interaktionen vor Prozessen und Werkzeugen

Das bedeutet, dass die Projektbeteiligten – und deren Kommunikation untereinander – wichtiger sind als feste Prozesse und Werkzeuge. Wo immer möglich, sollte sich das Team selbst organisieren und lieber spontan (situativ) und frei miteinander sprechen, als zum Beispiel auf starre Jour fixes zu beharren oder sich durch feste Kommunikationsmuster einschränken zu lassen. Vor allem die spontane mündliche Kommunikation hat hier einen hohen Stellenwert.

Bedeutet das nun, dass ein Team sich spontan und effizient organisieren kann, wenn man nur auf alle Prozesse und auf feste Kommunikationsstrukturen verzichtet? Mitnichten! Schon der zweite Hauptsatz der Thermodynamik sagt uns, was wir schon längst aus der Praxis wissen: Ein System bewegt sich immer in Richtung der Unordnung, wenn man es einfach gewähren lässt. Anders gesagt: Wenn Sie nichts regeln, dann ist das Chaos wahrscheinlicher als die Ordnung.

Die Erfasser des agilen Manifests haben es so ausgedrückt: Die Werte auf der rechten Seite (hier: Prozesse und Werkzeuge) sind ihnen wichtig, die Werte auf der linken Seite (Menschen und Interaktion) aber noch wichtiger.

Wenn Sie es genauso sehen, wird aus dieser eher allgemeinen Maxime schnell etwas Konkretes: Indem Sie in Ihrem Projekt zwar Prozesse und Werkzeuge vorsehen (aber nur die nötigsten) und Ihr Team zur spontanen und direkten Kommunikation ermutigen. Das kann beispielsweise bedeuten, dass Sie zwar einen festen Projekt-Jour-fixe einrichten, jedem Teammitglied aber freistellen, eine Ad-hoc-Besprechung einzuberufen und in einem solchen Fall auf den nächsten regulären Jour-fixe-Termin zu verzichten.

8.1.2 Funktionierende Software vor umfassender Dokumentation

Das wird Sie freuen, geben Sie es ruhig zu! Gemeint ist hier die Konzentration auf das Projektergebnis – im Falle eines Entwicklungsprojekts also auf die fertige, funktionsfähige Software.

Auch hier gilt das vorher Gesagte: Die Dokumentation ist daher nicht unwichtig, aber sie wird auf ihren Nutzen für das Projekt hin überprüft. Vor allem aber werden Dokumentationsänderungen vermieden, die sich dadurch ergeben, dass die Detailspezifikationen in einem überwiegend agil geführten Projekt erst recht spät feststehen und vielleicht auch noch mehrfach geändert werden.

Was bedeutet das nun aber ganz konkret?

▶ Die Dokumentation sollte so spät im Projekt erfolgen, dass Änderungen unwahrscheinlich sind, aber auch wiederum früh genug, dass das Wissen noch nicht verloren gegangen ist.

▶ Es sollte eine Dokumentationsliste erstellt werden, die im Verlauf des Projekts immer wieder kritisch beäugt wird. Die Kriterien sind:

Benötigen wir diese Dokumentation überhaupt, bzw. ist ihr Nutzen größer als der zu investierende Aufwand? Wie viel Mühe müssen wir dafür aufwenden? Wer wird die Dokumentation später lesen? Können wir auf einen Teil der Dokumentation verzichten, weil bereits die Software selbstdokumentierend gestaltet wurde?

8.1.3 Zusammenarbeit mit dem Kunden vor Vertragsverhandlungen

Beim Lesen dieser Überschrift zucken alle Juristen unwillkürlich zusammen und erinnern uns dadurch stets daran, dass wir doch schon am Anfang über das Ende nachdenken sollten! Also vorweg: Natürlich benötigen wir einen Vertrag, außer vielleicht in den Fällen, in denen wir unseren Kunden sehr gut kennen und uns blind mit ihm verstehen. Dabei ist es egal, ob Kunden und Auftraggeber identisch sind oder nicht.

Natürlich haben Sie auch andere Interessen als Ihr Kunde. Sie wollen mit dem Projekt ordentlich verdienen, also wenig Aufwand investieren, und der Kunde soll sich bitte strikt an die Spielregeln halten! Ihr Kunde sieht das anders: Sie sollen die Spielregeln bitte nicht allzu kleinlich auslegen und eine Software in hervorragender Qualität erstellen – wenn das nicht mit dem vereinbarten Festpreis zu erreichen ist, dann ist das eben Ihr Problem. Dazwischen steht das gemeinsame Ziel, die zu erstellende (oder einzuführende) Software.

Das agile Manifest betont vor allem die Erkenntnis, dass es das Beste sei, den Kunden als Teil des Projektteams anzusehen und nicht als »Gegenpartei« aufzufassen. Es ermutigt Sie, häufig mit dem Kunden zu sprechen, seine Wünsche nicht nur hinzunehmen, sondern mit ihm aktiv zu besprechen. Der Grundgedanke: Ihr Kunde soll bereits frühzeitig etwas sehen können, einen Prototyp zum Beispiel oder – im Laufe der Entwicklung – Zwischenschritte, häufig *Produktinkremente* genannt.

Löst das alle Konflikte? Nein. Aber es lenkt die Zusammenarbeit in die richtige Richtung und hilft, Konflikte sowohl zu minimieren als auch zu verkürzen.

8.1.4 Reagieren auf Veränderungen vor dem Befolgen eines Plans

Das ist vielleicht der wichtigste Grundgedanke des agilen Manifests und der Wesenskern des Wortes »agil«: Pläne sind wichtig, ohne sie ist keine zielgerichtete Vorgehensweise möglich. Wer keinen Plan hat, kann nicht vorausdenken, kann seine Gedanken nicht ordnen und das Projekt nicht organisieren.

In Kapitel 6, »Der Nebel lichtet sich – die Projektplanung«, habe ich es bereits erzählt: Ein Plan ist ein Mittel zum Zweck. Er kostet Zeit und muss daher auch einen Nutzen bringen. Planungshorizont und Planungstiefe müssen so gewählt werden, dass der Plan selbst zu jeder Zeit von Nutzen ist. Noch konkreter:

▶ Details werden erst zeitnah zur geplanten Umsetzung spezifiziert.

▶ Der Plan gibt den weiteren Weg also grob vor, ist für die nächsten Schritte aber dennoch so detailliert, dass sich daraus unmittelbar die nötigen Handlungsschritte ableiten lassen.

▶ Der Weg ist nicht das Ziel, das Ziel ist das Ziel.

▶ Auf dem Weg zum Ziel ist Flexibilität angesagt, aber nicht Beliebigkeit.

▶ Was bereits sicher ist, kann bereits im Plan enthalten sein, es ist aber nicht »festgeschrieben«; wenn ein anderer Weg mehr Erfolg verspricht, dann kann und sollte der Plan geändert werden.

8.1.5   Zusammenfassung

Das waren sie, die wichtigsten Prinzipien des agilen Projektmanagements. Die Literatur kennt noch viele weitere Prinzipien, die aber allesamt im Kern auf diesen Grundprinzipien basieren. Lassen Sie mich bitte noch kurz zusammenfassen und ergänzen:

▶ Selbst organisierte, eigenverantwortliche und motivierte Teams sind die Erfolgsgrundlage für Projekte.

▶ Vermeiden Sie die »Blackbox«, bei der das Ergebnis erst an deren Ende auf mirakulöse Weise erscheint. Bauen Sie stattdessen auf ein iteratives Vorgehen, mit häufigen Zwischenergebnissen, das Sie direkt mit dem Auftraggeber und Ihrem Team besprechen – um Fehlentwicklungen frühzeitig zu erkennen und den weiteren Weg in seinem Verlauf detailliert festzulegen.

▶ Sprechen Sie häufig miteinander, bevorzugt direkt, und machen Sie das zu einem Teil Ihrer Projektkultur.

▶ Es geht immer darum, den Auftraggeber (bzw. Kunden) mit hochwertiger Software zufriedenzustellen, die das tut, was sie soll.

▶ Alles andere muss sich dem unterordnen – und vor allem anderen sind all jene Dinge zu vermeiden, die keinen oder nur einen geringen Nutzen versprechen.

▶ Vermeiden Sie Abteilungs- oder Statusdenken. Bilden Sie Ihre Teams interdisziplinär, möglichst auf das konkrete Ziel ausgerichtet und weniger auf die interne Organisation Ihres Unternehmens.

▶ Es gibt neue Anforderungen? Prima! Das bedeutet, dass während des Projekts etwas gelernt wurde, was zu besserer Software und damit zu einem Wettbewerbsvorteil führen wird.

▶ Die meisten agilen Verfahren lassen sich eher als *leichtgewichtig* beschreiben, ganz auf das Ziel fokussiert und ohne Ballast.

▶ Erlaubt ist, was in der Praxis funktioniert, die Praxis beeinflusst also die Theorie, was häufig mit dem Begriff *empirisch* ausgedrückt wird.

▶ Vergessen Sie nicht die »Metaebene«, also auch einmal über das Projekt selbst und nicht nur über die Inhalte des Projekts zu sprechen.

Vielleicht sind Sie jetzt ein wenig enttäuscht, dann mag das daran liegen, dass agiles Projektmanagement häufig mit einem statischen Modell verglichen wird, das in der Praxis so gar nicht anzutreffen ist. Viele Unternehmen orientieren sich an Prinzipien, die man als agil bezeichnen könnte, ohne dass ihnen das bewusst wäre. Für Ihre eigene Praxis stellt sich also die Frage: Wie agil ist Ihr Projektmanagement heute schon, und wo können sinnvolle Verbesserungen eingeführt werden? Damit ist es an der Zeit, uns einen Kassenschlager der agilen Fraktion näher anzuschauen: *Scrum*.

8.2   Einführung in Scrum

Scrum – das ist ein Begriff aus dem Rugby-Sport und lässt sich am besten mit »Gedränge« übersetzen (nur falls Sie fragen sollten ...). Es ist ein Vorgehensmodell für die (natürlich agile) Entwicklung von Software. Es setzt die Maximen des agilen Manifests um, führt zu diesem Zweck drei Rollen ein und gibt einigermaßen konkrete Empfehlungen für den Ablauf, die Verantwortlichkeiten und wichtige Richtlinien im Team.

Scrum baut auf einigen grundlegenden Annahmen auf, nämlich:

▶ Jedes Projekt ist so komplex, dass es sich nicht genau planen lässt und daher arbeiten die Teams nur innerhalb eines groben Rahmens und organisieren sich selbst, um diesen Rahmen eigenverantwortlich auszufüllen.

▶ Es gibt sogenannte *Sprints*, das sind Iterationen, die üblicherweise um die 30 Tage dauern, an deren Ende jeweils etwas Verwendbares entsteht.

▶ Der gesamte Prozess wird mit der Zeit immer besser, Scrum ist eine Methode, die sich durch die dadurch gewonnenen Erfahrungen selbst verbessert.

Sie können es so umsetzen, wie es beschrieben wird, oder sich nur daran anlehnen. Vielleicht erkennen Sie aber auch einige Grundprinzipien wieder, die Sie schon heute beherzigen – dann können Sie künftig die Scrum-Begriffe dementsprechend zuordnen. Wie auch immer, Scrum vollständig umzusetzen verlangt ein hohes Maß an Disziplin und Vertrauen in die Methode. Beginnen wir also zunächst mit dem ersten Schritt, dem Prozess an sich.

8.2.1 Die Scrum-Methode

Abbildung 8.1 gibt Ihnen einen Überblick über den Scrum-Prozess.

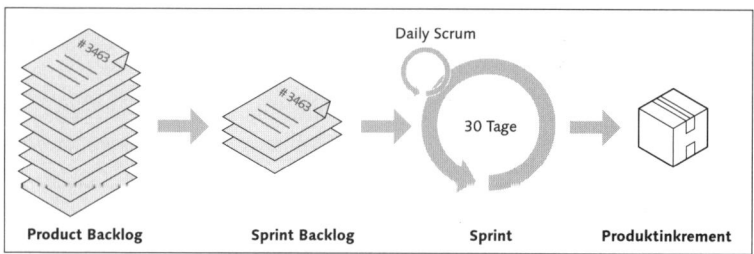

Abbildung 8.1 Der Scrum-Prozess

Dieser teilt sich in die folgenden Bereiche auf:

▶ Alles beginnt mit dem *Product Backlog*, das alle Anforderungen enthält – und zwar priorisiert, denn die Priorität dient als Kriterium für die Auswahl der umzusetzenden Anforderungen im Sprint Backlog. Das Product Backlog enthält alle Anforderungen, die zum Erreichen des Projektziels notwendig sind.

▶ Das *Sprint Backlog* enthält diejenigen Anforderungen, die im Verlauf eines Sprints umgesetzt werden sollen. Wichtig ist dabei, dass das Team selbst die im Sprint umzusetzenden Anforderungen auswählt; denn, wie bereits erwähnt, ist das Team weitgehend selbst organisiert und arbeitet eigenverantwortlich. Die Auswahl der Anforderungen erfolgt in einem Meeting, dem *Sprint-Planungstreffen*.

▶ Der *Sprint* widmet sich nun der Umsetzung aller Anforderungen aus dem Sprint Backlog. Wiederum organisiert sich das Team selbst, ordnet die Anforderungen also den einzelnen Teammitgliedern eigenverantwortlich zu. Die Dauer eines Sprints ist nicht fest vorgegeben, empfohlen wird aber eine maximale Länge von 30 Tagen, die in der Praxis auch häufig als Richtwert herangezogen wird.

▶ Während des Sprints findet täglich eine Sitzung statt, die als *Daily Scrum* bezeichnet wird. Meistens findet diese immer am selben Ort und zur selben Uhrzeit statt. In dieser Sitzung können Probleme angesprochen werden, und sie hilft dabei, dass sich das Team untereinander koordinieren kann. Das Meeting sollte kurz sein – um die 15 Minuten ist hierfür optimal.

▶ Am Ende des Sprints steht eine funktionsfähige Software, die bereits grundlegend getestet und, im Optimalfall, auch schon dokumentiert wurde. Nun kommt der Auftraggeber ins Spiel, der *Product Owner*, der die Software abnimmt. Die Software selbst heißt zu diesem Zeitpunkt *Produktinkrement*, und die Abnahme selbst erfolgt im sogenannten *Sprint-Review*. Das ist meist eine gemeinsame Besprechung zwischen dem Team und dem Product Owner.

▶ Nun ist das Ende des Zyklus gekommen und, ganz in Manier einer iterativen Vorgehensweise, beginnt der Zyklus nun von vorn. Doch vorher findet eine *Retrospektive* statt, in der das Team den letzten Zyklus Revue passieren lässt. Typische Fragen sind: »Was lief gut?« und »Was kann verbessert werden?« Die so gewonnenen Erkenntnisse helfen dabei, den Prozess über die Zeit hinweg stetig zu verbessern.

Damit kennen Sie bereits die Grundzüge von Scrum. Sie sehen: Es ist nicht kompliziert, aber ein wenig formell – man muss sich erst daran gewöhnen.

Es gibt auch einige abweichende Beschreibungen des Prozesses. Manchmal wird noch zwischen dem *Selected Backlog* und dem *Sprint Backlog* unterschieden. Ersteres enthält dann alle Anforderungen, die im Sprint umgesetzt werden sollen – es kann auch vom Product Owner vorgegeben werden; Letzteres bricht die Anforderungen des Selected Backlogs noch einmal in Aufgaben herunter, die typischerweise nicht länger als einen Tag dauern.

Außerdem pflegen einige Teams noch das *Impediment Backlog*, in das alle Hindernisse des Projekts eingetragen werden, die es gilt, im weiteren Verlauf des Projekts auszuräumen.

8.2.2 Die Scrum-Rollen

Erfrischenderweise kennt Scrum lediglich drei Rollen:

▶ Product Owner

▶ Team

▶ Scrum Master

Product Owner

Der Product Owner ist der Auftraggeber oder der Kunde, also – letztlich – der Chef.

Aufgaben des Product Owners

▶ Er entscheidet, welche Anforderungen in einer Version umgesetzt werden sollen.

▶ Außerdem pflegt und priorisiert er das Product Backlog.

▶ Er vertritt den Kunden oder ist selbst der Kunde.

▶ Er trägt die Verantwortung für den Gesamtprozess.

Sie sehen also: Mit dem Product Owner steht und fällt Scrum. Eine 1:1-Entsprechung zum klassischen Projektmanagement gibt es eigentlich nicht; der Product Owner übernimmt Aufgaben des Produktmanagers (= Kundensicht), des Projektmanagers (= Projektsicht) und des Auftraggebers (= Entscheidersicht).

Der Product Owner hat viel Verantwortung, was in der Praxis aber auch bedeutet: Er hat viel Arbeit! Häufig krankt die Besetzung daran, dass zu wenig Zeit für diese Aufgabe vorhanden ist.

Team

Das Team ist dafür zuständig, die Arbeit zu verrichten, also die Anforderungen umzusetzen. Scrum unterscheidet dabei nicht zwischen verschiedenen Rollen innerhalb des Teams, sondern fasst das Team als Einheit auf – und gerade darin liegt eine Stärke von Scrum. Egal, ob Softwareentwicklung, Tester, Designer, Architekten oder Administratoren: Sie alle arbeiten zusammen, nehmen an den gemeinsamen Besprechungen teil und verstehen den Sprint als gemeinsame Verantwortung. Erinnern Sie sich: *Menschen und Interaktionen vor Prozessen und Werkzeugen?*

Aufgaben des Teams

▶ Das Team entscheidet darüber, welche Anforderungen es in den nächsten Sprint schaffen.

▶ Es organisiert die Aufgaben innerhalb des Sprints selbst und teilt diese in eigener Regie untereinander auf.

▶ Es trägt die Verantwortung für das unmittelbare Gelingen des Sprints.

Scrum gelingt am besten, wenn das Team wirklich ein Team ist und keine bloße Ansammlung von Individualisten. Selbstorganisation und die Entscheidung über den Lösungsweg – und sogar über die Inhalte eines Sprints – sind nicht bloß reine Kompetenzen, sondern stellen auch eine große Verantwortung dar. Nicht alle Teams verstehen das so, was in der Praxis ein häufiger Grund für das Scheitern von Scrum ist.

Ein Team muss groß genug sein, um seine Aufgaben bewältigen zu können und Diskussionen zu ermöglichen, aber auch überschaubar genug, damit Besprechungen und Diskussionen nicht ineffizient werden. Eine Teamgröße zwischen fünf und neun Mitgliedern hat sich als optimal erwiesen.

Scrum Master

Der *Scrum Master* nimmt eine Sonderstellung ein. Das Beste ist nämlich, wenn er überhaupt nicht mehr benötigt wird. Im Idealfall arbeitet er also darauf hin, sich möglichst schnell überflüssig zu machen.

Bis dahin wird er aber gebraucht, nämlich als Berater für Scrum. Er hilft allen Beteiligten, Scrum richtig und effizient einzusetzen.

Aufgaben des Scrum Masters

▶ Er coacht das Team in Sachen Scrum.

▶ Er sorgt dafür, dass die Prozesse so lange eingehalten werden, bis die neuen Verhaltensweisen zur sicheren Gewohnheit werden.

▶ Zudem bringt er Product Owner und Team zusammen.

▶ Daher ist er Scrum-Spezialist und, von Haus aus, ein organisierter und kommunikativer Mensch.

▶ Er ist keine Führungskraft im disziplinarischen Sinne, führt aber durch Sachverstand und dadurch, dass er immer für das Team da ist.

▶ Auch später, wenn seine Dienste eigentlich nicht mehr benötigt werden, schaut er ab und an vorbei.

Besonders diese »indirekte« Art der Führung kann mitunter schwierig werden. Ein Scrum Master hätte sein Ziel allerdings verfehlt, würde er die Aufgaben eines Projektmanagers wahrnehmen.

8.2.3 Empfehlungen für Scrum

Damit ist Scrum natürlich noch nicht allumfänglich beschrieben, aber die Grundzüge sind erkennbar, die Sie bereits in Ihren eigenen Scrum-Prozessen umsetzen können. Viele weitere Informationen finden Sie zudem an anderen Stellen in diesem Buch, zum Beispiel in Abschnitt 6.1, »Lieber schätzen als verzocken«, über die Anforderungen, die für das Product Backlog so entscheidend sind.

Sie können Scrum sowohl für einzelne Projekte einsetzen als auch zum unternehmensweiten Entwicklungsmodell machen. Scrum ist jedoch kein Allerweltsheilmittel für Projekte aller Art, sondern eignet sich nun einmal vor allem für Entwicklungsprojekte.

Scrum eignet sich nicht, wenn Ihre Organisation dafür nicht bereit ist. In einigen Firmen gibt es mitunter wenige dominante Personen, die den Prozess steuern und kontrollieren wollen und, als Folge davon, häufig eher passiv ausgerichtete Teams. In solchen Konstellationen kann Scrum naturgemäß nicht funktionieren.

Auch die Forderung nach einer auslieferfähigen Version am Ende des Sprints ist nicht immer erfüllbar; vor allem dann nicht, wenn das Entwicklungsteam die Tests kaum automatisiert hat oder wenn – gerade am Anfang – noch Vorbereitungsarbeiten das Entwicklungsprojekt prägen.

Wenn Sie vorhaben, Scrum einmal selbst auszuprobieren, können Ihnen dabei die im Folgenden dargestellten Empfehlungen helfen.

Scrum einsetzen

► Probieren Sie Scrum zunächst an einem Projekt aus, bevor Sie vollumfänglich darauf setzen.

► Stellen Sie unbedingt sicher, dass die Rolle des Product Owners richtig besetzt ist.

► Die Einführung von Scrum setzt eine harte Entscheidung voraus, es lässt sich nicht nebenher ausprobieren, sondern man muss es von Anfang an richtig machen. Und es verursacht einen hohen Aufwand, gerade zu Beginn.

► Eine Schulung lohnt sich in jedem Fall! Entweder für das gesamte Team, wenigstens aber für den Scrum Master.

► Es gibt Personen in Ihrem Unternehmen, die Verantwortung abgeben müssen – die klassischen Projektmanager zum Beispiel oder auch der bisherige Auftraggeber. Klären Sie unbedingt rechtzeitig ab, ob diese auch dazu bereit sind.

► Das Team erhält dafür umso mehr Verantwortung. Vereinbaren Sie, ruhig auch formell, dessen erweiterte Kompetenz. Wenn es Ihnen möglich ist: Sorgen Sie dafür, dass die Anreizsysteme im Unternehmen der neuen Situation Rechnung tragen.

► Rechnen Sie mit Konflikten und anderen Problemen. Viele Unternehmen, die Scrum eingeführt haben, berichten jedoch, dass diese innerhalb des ersten Jahres dauerhaft gelöst wurden.

► Bevor Sie Scrum an Ihre eigenen Bedürfnisse anpassen, empfehle ich Ihnen dringend, es zunächst einmal in Reinform einzusetzen. Nicht immer sind auftretende Probleme ein Problem in Scrum, sondern sogar recht häufig ein Problem in der Organisation selbst.

▶ Eine Ausnahme hiervon gibt es: Eventuell wollen Sie die Dauer der Springs recht schnell verkürzen. 30 Tage sind für einige Projekte, manche Product Owner und manche Teams eine zu lange Zeit.

▶ Akzeptieren Sie, dass Sie bei der Einführung dazulernen werden und manchmal umdenken müssen. Nicht alles lässt sich bereits im Vorfeld organisieren, darin liegt ja gerade des Pudels Kern agiler Methoden.

▶ Vertrauen Sie dem Scrum Master, und, gerade zu Beginn der Einführung, fordern Sie ihn auch.

Wenn Sie diese Ausführungen zu Scrum gelesen haben, werden Sie vielleicht eines feststellen: Da fehlt doch noch eine Menge! Oder anders gefragt: Ist Scrum wirklich eine Methode des agilen Projektmanagements, so wie es immer wieder bezeichnet wird?

Wenn Sie dieses Kapitel mit dem Rest des Buches in Beziehung setzen, lautet die Antwort: Nein! Projektmanagement ist deutlich mehr. So gesehen ist Scrum eher eine Methode der agilen Softwareentwicklung; eine Vorgehensweise, ein Modell, wie die Entwicklung ablaufen könnte. Scrum gibt einen Rahmen vor, verrät uns aber zum Beispiel wenig zu Fragen des Projektcontrollings, zur Aufwandschätzung oder zur Lösung von Ressourcenkonflikten.

Daher möchte ich Sie zum Schluss noch auf das *Agile Development Framework (ADF)* hinweisen. ADF ist eine sehr interessante, noch junge Entwicklung, die angetreten ist, ein einheitliches und umfassendes Rahmenwerk zu schaffen, mit dem Ziel, das Beste anderer agiler Methoden aufzugreifen und durch eigene Inhalte zu ergänzen. Damit kommt es einem umfassenden agilen Regelwerk zur Steuerung von Entwicklungsprojekten ein ganzes Stück näher.

Unter *http://www.agile-development-framework.net* finden Sie umfangreiche Informationen dazu.

9   Das Märchen vom Projektmanagement

Es war einmal ein König. Er hatte eine Tochter, der er zur Vermählung einen Palast schenken wollte. Dieser sollte größer sein als alles bisher Gewesene und seine Technik so fortschrittlich, dass noch in weit entfernten Ländern die Menschen davon berichteten. Der König war vorsichtig bei diesem Projekt, hatte er doch bereits bitter für sein Vertrauen bezahlen müssen. Vor einigen Jahren wollte er seinem Sohn eine Basilika bauen lassen und hatte einen unerfahrenen Jüngling damit beauftragt. Und so ergab es sich, dass der Staatssäckel leer und der Bau noch weit vor der Vollendung war. Das Gebäude fand schließlich seine Bestimmung als Viehtränke, ein Schandmal, das den König für alle Zeit an seine Schmach erinnern sollte und das seinem Ansehen ganz und gar abträglich war. Der Jüngling hatte versagt, und sogar die Krokodile des Königs hatten ihn verschmäht, anfänglich jedenfalls.

Der Palast aber sollte eine weit größere Aufgabe sein, und so überlegte der König, was zu tun sei. Die Staatskasse war wieder gut gefüllt, und so beschloss er, die besten Baumeister seines Reiches gleichzeitig mit der Errichtung des Werkes zu beauftragen. Der Baumeister, der mit seinem Werk Gefallen erweckte, sollte mit Gold und Gewürzen überhäuft werden, die anderen – nun ja, der König besaß viele Krokodile.

So wurden die Baumeister geladen, zuerst der *Zauderer*. Er trat zögerlich ein, blickte nach links, blickte nach rechts, verbeugte sich und sprach: »Hier bin ich, mein König. Was immer Ihr von mir begehrt, ich werde es mir großer Sorgfalt und Genauigkeit ausführen.« Das gefiel dem König, und er sprach: »Zauderer, ich habe gehört, du wärest ein sorgfältiger Planer, deine Bauwerke seien gut durchdacht und gefallen durch allerlei Feinheiten und Raffinessen. So etwas brauche ich, denn ich möchte den prachtvollsten Palast bauen, den die Welt je gesehen hat. Hier hast du einen Sack voller Gold, vor den Toren der Stadt warten zehntausend Arbeiter auf dich. Gehe nun und baue mir meinen Palast.« Der König befahl, den nächsten Baumeister einzulassen.

Der *Mutige* schritt mit schnellen Schritten vor den Thron, vollführte eine schwungvolle Geste zum Gruße und sprach: »Hier bin ich, mein König. Was immer Ihr von mir begehrt, ich werde Euch mehr als zufriedenstellen.« Das gefiel dem König, und er erwiderte: »Mutiger, man sagt, du schreitest dort voran, wo andere weichen. Das kann ich gut gebrauchen, denn, fürwahr, ich habe Großes vor. Hier hast du einen Sack voller Gold, vor den Toren der Stadt warten zehntausend Arbeiter auf dich. Gehe nun und baue mir meinen Palast.«

Der *Agile* betrat nun die Bühne, tänzelte mal links, mal rechts vor dem König und sprach: »Hier bin ich, mein König. Bei mir habt Ihr allen Freiraum, den Ihr Euch wünscht, denn das Ziel entsteht erst beim Gehen.« Der König betrachtete ihn, und ihm wurde gewahr, dass er noch gar nicht so recht wusste, wie sein Palast aussehen sollte. Der *Agile* gefiel ihm, und so sprach er: »Das ist gut so. Ich kenne dich nicht, aber man hört das Volk sagen, du seiest das, was die jungen Leute ›flexibel‹ nennen. Und mit Starrsinn kann man keine großen Dinge bewirken. Hier hast du einen Sack voller Gold, vor den Toren der Stadt warten zehntausend Arbeiter auf dich. Gehe nun und baue mir meinen Palast.«

Der letzte Baumeister ließ den König warten, was diesem gar nicht gefiel. Als er endlich eintrat, schritt er die Stufen mit Bedacht und Ruhe hinauf, verbeugte sich und sprach: »Man nennt mich den *Weisen*, und so will ich Euch mit Rat und Tat zur Seite stehen.« Der König wusste nicht recht, was er von diesem Sonderling halten sollte, der unordentlich gekleidet und ungekämmt war, und sprach: »Man nennt dich den Weisen und sagt dir nach, dass du dort noch Licht siehst, wo andere im Dunkeln umherirren. Ich habe dich noch nie arbeiten sehen, aber Weisheit kann ich gut gebrauchen, denn die Größe meines Vorhabens verlangt nach solcher. Hier hast du einen Sack voller Gold, vor den Toren der Stadt warten zehntausend Arbeiter auf dich. Gehe nun und baue mir meinen Palast.«

Der König war's zufrieden und freute sich, denn statt eines Palastes sollte er nun vier Paläste erhalten, die er seinen weiteren Kindern zum Geschenk machen konnte. Er sonnte sich in seiner eigenen Weisheit und ließ die Baumeister gewähren. Diese begannen unverzüglich damit, den

Palast des Königs zu bauen, bis auf den *Weisen*, der lange schlief und auch sonst keine Hast verspüren ließ. Der *Zauderer* ließ alle Papyrus-Vorräte des Königreichs kommen und beschäftigte mit Micros Projectus einen wahren Meister der Kunst, Pläne zu zeichnen. Der *Mutige* errichtete sofort ein Podest und hieß seinen Gehilfen ein Fundament zu errichten, das größer sei als alles, was bisher war und jemals sein würde. Der Agile wollte sich nicht festlegen und befahl seinen Gehilfen, Bausteine zu errichten, die man dann würde zusammenfügen können, wenn der König seine Entscheidungen getroffen hätte.

So ging ein Jahr ins Land, und der König wurde misstrauisch, denn man erzählte sich so einiges über seine Paläste. Die Baumeister, seine Berater und der König versammelten sich um eine große runde Tafel.

Der *Zauderer* berichtete: »Mein König, einen Palast zu bauen ist schwierig, die Planungen wollen wohlüberlegt und ausgeführt sein, und vielleicht wäre es klug, statt eines Palastes lieber eine Villa zu bauen, denn für diese könnte ich mit meinem Leben bürgen, fürwahr!« Die Hälfte des Goldes hatte er ausgegeben, ein weiteres Viertel benötigte er für die Gründung eines Forums für Normung, damit auch alle Maße im Palast gleich wären. Seine Gehilfen übten sich derweil in der Kunst des Schachspiels, doch weil er sie gut bezahlte, blieben sie ruhig und waren überaus zufrieden.

Der *Mutige* berichtete: »Mein König, nur wer wagt, gewinnt. Doch die Steinmetze haben mir schlechte Steine geliefert, und so ist das Atrium in sich zusammengebrochen und hat alles bis dahin Gebaute mit sich gerissen. Ich muss von Neuem beginnen, aber da schon drei Viertel des Goldes aufgebraucht sind, bitte ich untertänigst um mehr Gold.« Seine Gehilfen aber wollten sich nicht länger von ihm schinden lassen und konspirierten mit der Gewerkschaft, so sie denn überhaupt noch zur Arbeit erschienen.

Der *Agile* berichtete: »Mein König, ich habe alles Gold für Bausteine ausgegeben. Eure Berater aber haben mir jede Woche neue Ideen übermittelt, sodass meine Bausteine nun nicht zusammenpassen. Statt eines Palastes könnte ich Euch eine Bibliothek oder ein Viadukt bauen.« Seine Gehilfen aber hatten längst den Überblick verloren, und es kostete den Baumeister fast seine gesamte Zeit, diese anzuleiten.

Der König sprach grimmig: »Nun, du wirst der *Weise* genannt. Hast denn wenigstens du einen Palast für mich gebaut?« Der Weise wusste, dass es nicht klug war, den König jetzt warten zu lassen, und erwiderte sofort: »Nein, mein König, aber ich weiß genau, was zu tun ist. Allein, ein Prophet geht niemals seinen Weg selbst!« Er hatte noch nichts ausgegeben, mit Ausnahme eines kleinen Trogs, in dem er seine Füße kühlte.

Der König brachte alle Übellaunigkeit auf, zu der er in der Lage war, und verließ die Zusammenkunft. Am nächsten Tage um die Mittagszeit sollten alle vier Baumeister ein jähes Ende im Krokodilkäfig des Königs finden. Die vier Baumeister stellten sich dem Unvermeidlichen und beschlossen, sich im nahe gelegenen Fluss zu ertränken. Der *Zauderer* wollte dabei keinen Fehler machen, band sich einen schweren Stein an seinen Fuß und überlegte, ob dieser wohl schwer genug wäre, ihn in die Tiefe zu ziehen. Der *Mutige* kletterte die höchste Klippe hinauf, um sich wagemutig in die Tiefe zu stürzen. Der *Agile* wollte sich nicht recht festlegen und sich erst einmal in den Fluss stürzen, um später über die Art seines Ablebens zu entscheiden. Der *Weise* hingegen hielt seine Füße kühlend in den Fluss und schien ganz er selbst zu sein.

Da kamen die anderen zu ihm und fragten: »Du wirst der *Weise* genannt, sag, was sollen wir jetzt tun? Hast du denn keine Angst vor den Krokodilen?« »Nein«, erwiderte dieser, »denn ich habe alles, was ich brauche: euch! Lasst uns unsere Fähigkeiten vereinen. Der *Zauderer* wird uns davor bewahren, Dummheiten zu begehen. Der *Mutige* wird uns davor bewahren, stehen zu bleiben. Der *Agile* wird uns davor bewahren, unbeweglich zu werden. Und ich werde uns davor bewahren, gefressen zu werden, denn ich weiß viel, aber ohne die Tat ist alles Wissen vergebens.«

Und so legten sie ihr verbliebenes Gold zusammen, zeichneten und rechneten die ganze Nacht und legten ihrem König am nächsten Morgen einen Plan vor, der kühn und machbar zugleich war, offen für Veränderungen und doch in seinen Grundfesten zementiert. Der König war entzückt und versprach dem Weisen, die Baumeister zu unterstützen.

Die vier begannen unverzüglich mit dem Bau, der zügig voranschritt und dessen Ergebnis die Kühnheit seiner Absicht sogar noch übertraf. Mal setzte sich der *Zauderer* durch, mal der *Mutige* und oft der *Agile*. Der *Weise* half mit seiner Erfahrung, vereinte, schlichtete und besänftigte auch manchmal. Aber die meiste Zeit räkelte er sich in der Sonne.

Index